図解 思わずだれかに話したくなる

身近にあふれる「天文・宇宙」が3時間でわかる本

塚田 健

はじめに

　10 年ほど前から星空や宇宙への関心が高まっている、そんな気がしています。

　「宙ガール®」や「星のソムリエ®」といった言葉が生まれ、天気予報番組では 10 年ほど前にはほとんど知られていなかったような流星群までが取り上げられるようになり、火球が見られればすぐにメディアに取り上げられます。大都会の真ん中でも星を観察する「天体観望会」がしばしば開催され、星や宇宙と様々なものを結び付けたイベントも盛んにおこなわれるようになりました。20 年ほど前は閉館が相次いでいたプラネタリウムも、近年は年間の総観覧者数を毎年更新し続けています。

　きっかけは何だったのでしょう。

　2010 年 6 月に満身創痍となりながらも地球に小惑星のかけらを届け、多くの人を感動させた探査機「はやぶさ」の帰還でしょうか。それとも 2012 年 7 月に日本国内で広く見られた金環日食でしょうか。2019 年 4 月にはブラックホールの「影」の撮影に成功したというニュースが世界中を駆け巡りました。もちろん、きっかけは 1 つではないのかもしれません。

　星空に親しむ人が増えるにつれて、天体そのものや宇宙のしくみへの関心も高まるわけですが、天文学や宇宙科学と聞くと尻込

みしてしまう人も多いのではないでしょうか。「難しそう…」「よくわからない…」そんな声をしばしば聞きます。

　たしかに天文学は総合的な学問で、物理学や化学などの基礎がわかっていないと理解しづらい側面があります。「直径が〇〇万km」とか「〇〇億光年彼方の銀河」といった途方もない大きさの数字が登場するため、イメージしづらいことも天文学・宇宙科学が敬遠される原因の1つかもしれません。しかし、その複雑さ、壮大さこそが広大無辺な宇宙を相手にする天文学・宇宙科学の醍醐味でもあります。

　本書では、星座や暦、天文現象といった「身近な」天文学から、天文学や宇宙開発の歴史、そして最新の天文学の成果まで幅広く取り上げました。星や宇宙に対する素朴な疑問から始めて、その問いかけへの答えはもちろん、奥（裏？）に潜む事柄にまで少し話を広げて紹介しています。章が進むにつれてより「遠く」の宇宙のことを扱う構成になっていますので、よろしければ第1章から順々に読んでいただければと思います。

　星空や天文現象をぼんやり眺めるのもいいものですが、星の明るさや色、現象の先にある科学にも注目していただくと、より自身と宇宙とのつながりを感じることができると思います。

　本書が、皆さんと宇宙のあいだの結び付きを強める一助となれば幸いです。

塚田　健

第2章　もっとも身近な天体 〜太陽と月の世界〜

第3章　地球の兄弟たち ～太陽系の世界～

第4章　夜空の主役たち ～恒星の世界～

第5章　はるか宇宙の彼方へ 〜銀河の世界〜

第6章　宇宙への挑戦 ～天文学と宇宙開発～

装丁・イラスト　末吉喜美
DTP・図版　　石山沙蘭

第1章

夜空を見上げると
見えてくるもの

1 星をたくさん見るにはコツがある?

皆さんは最近、いつ星を見ましたか。晴れた夜に空を見上げれば、
必ず星が見えるはず。大切なのはその存在に気づくためのコツ
を掴むことにあります。さあ、星を見に出かけましょう!

◎星はいつ見える?

星がいつ見えるかと聞かれれば、そんなの夜に決まっている、
と思われるかもしれません。しかし、星は夜であればいつでも見
えるわけではありません。まず、晴れていないと星は見えません。
今ではインターネット上にいろいろな天気予報サイトがあります
が、筆者のおすすめは「GPV 気象予報」と「SCW」です(SCW
は一部有料)。気象庁ほかの気象予測モデルを元に計算した雲の量
や降水量などの予測値を地図上に表示してくれます。前日に雲の
分布予測を見てどこに星を見に行くか決める、といったときには
たいへん便利です。

星の多くは空が暗くならないと見えてきませんから、何時頃に
太陽が沈み何時頃に夜が明けるのか、という情報も大切です。季
節によって日の出入りの時刻は変わりますし、太陽が沈んだから
といって空がすぐに暗くなるわけでもありません*1。国立天文台
の暦計算室のウェブページでは、日本の任意の地点での日の出入
りの時刻や日暮れ・夜明けの時刻を教えてくれます*2。

月を見たい場合を除けば、月明かりは星を見るときの妨げにな
りがちです。満天の星を見たいと思ったら、月が出てない夜を選
ぶ必要があるのです。先ほど紹介した国立天文台暦計算室のウェ

---

*1 日の出入りの前後の空がぼんやりと明るい時間帯を薄明(はくめい)という。
*2 日暮れから夜明けまでが、空が星を見るのに適した明るさになる時間。

日の出・日没と夜明け・日暮れ

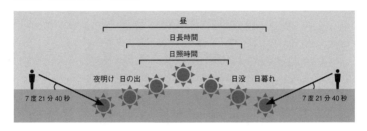

ブページでは、月の出入りの時刻も知ることができます。また月
の形と月が空に見える時間帯のあいだには関係がありますから、
それを把握してしまえば、カレンダーに載っている月の形を見る
だけで、大雑把に「今日は夜半過ぎに月が沈む」とか「一晩中月
が見える」というような見当が付けられるようになります。せっ
かく星がよく見えるところに出かけたのに、月明かりに邪魔をさ
れて星がよく見えなかった、なんてことにならないよう、下調べ
はしておきましょう。

◎星はどこで見える？

　星空は誰の頭の上にも等しく広がっています。ですから、家の
庭やベランダ、近くの公園など、どこからでも見上げさえすれば
（晴れていれば）星は見えるはずなのです。ところが、どうしても
見る場所によって見える星の数は変わってしまいます。よりたく
さんの星を見たいと思ったら、やはり場所を選ぶ必要があるので
す。

　まず大切なのは**夜空の明るさ**です。都市部では、本来であれば
漆黒であるはずの夜空が真っ黒に見えません。街灯や家々の灯り

光害による影響

が空に漏れ、夜空を明るくしてしまっているのです*3。漏れた光が周囲に悪影響を及ぼすことを光害といいます。星が見えにくくなるだけでなく野生生物や農作物にも悪い影響を与えることがあり、近年、社会問題化しています。ですから、満天の星を見たいと思ったら、残念ながら街を離れるしかありません。なかなか遠出ができないという場合は、街灯が少ない場所やちょっとした暗がりを近所で探してみてください。街灯の光が直接目に入らないように工夫するだけでも違いますよ。

　空の暗さに加えて、できれば空が広く見えるところで星を見るのがいいでしょう。視界が開けた場所のほうが見える星の数が増え、アステリズムや星座が見やすくなりますし、なにより宇宙の広大さが感じられます。また空の低いところにしか見られない天体や天文現象もありますから、地平線近くまで見通せる場所を見つけておくといいでしょう。

＊3　大気が汚れているとその程度は一層ひどくなる。

◎星は何で見る？

星を見るのに、何も特別な道具は要りません。皆さん自身の目があれば十分です。星を見る、と聞くとすぐに望遠鏡が思い浮かぶかもしれませんが、肉眼でも十分に星は楽しめますし、肉眼でなければ見にくい天文現象もあります。それでも、望遠鏡でないと見えない天体もあり、望遠鏡が欲しい、という人もいるでしょう。そんな人には、まず**双眼鏡**をおすすめします。持ち運びが楽で使い勝手がよく、安価です。それに、双眼鏡と望遠鏡はいわば原動機付自転車と普通自動車のように守備範囲が違いますから、後々になって望遠鏡を買ったとしても双眼鏡は決して無駄にはなりません。

直接星を見るのに使うわけではありませんが、星を見るときに役立つグッズがいくつかあります。例えば、**方位磁針**（コンパス）です。星を探すとき、方角は非常に大切な要素ですが、見知らぬ土地では方角がわからなくなりがちです。方位磁針は 100 円均一のお店でも売っていますから 1 つ持っておくといいでしょう。**懐中電灯**も必須です。とはいえ普通の懐中電灯ではまぶしすぎるため、赤いセロハンをかぶせた懐中電灯を用意します。近年では赤色 LED ライトも売っています。ヘッドライトや首にかけられるものなどは手をふさがないのでおすすめです。できれば普通の懐中電灯と赤い光の懐中電灯、2 つ持っておくといいでしょう[*4]。

ほかにも、夏であれば虫除け、冬であればカイロ、流れ星を見るのであれば地面に寝っ転がるためのシートや銀マットなどなど、季節や目的に応じて便利な道具は様々です。快適に星を見るために、必要に応じていろいろ用意してみてください。

＊4　切り替えられるものもある。

2 夜空には星のほかにも見えるものがある?

光の点や淡い光の「シミ」など、夜空には様々な何かが光っています。中にはスッと動いていくものも。夜空に見えるのは、なにも星だけではありません。それらの正体は何でしょうか。

◎光の点の正体は?

夜空を見上げて真っ先に気がつくのは光の点、すなわち星でしょう。日によっては月が見えるかもしれません。私たちが目にする星の大多数はみずから光り輝いていて、こうした星を**恒星**といいます。通常、星といったときには恒星を指します[*1]。恒星には明るいものがあれば暗いものもありますし、色も様々です。恒星は「恒なる星」と書くように、その位置関係を変えずに地球の自転に合わせて規則正しく東から西へと動いていきます。そして公転に合わせて季節変化を見せていくのです。

一方、光の点の中には恒星のあいだをさまよっていくものがあり、それらを**惑星**といいます。惑星は地球と同様に太陽のまわりを回っている天体で、恒星と違いみずから光を放っているわけではなく太陽の光をはね返して光って見えています。

恒星は宇宙に均等に分布しているわけではありません。宇宙には恒星が集まり互いに重力で結び付いている天体もあり、それらを**星団**といいます。

ごくまれに、夜空に新しく光の点が現れることがあります。昔は新たに恒星が生まれたのだと考えられ、**新星**や**超新星**と呼ばれるようになりました。現在では、それらは恒星の爆発現象である

[*1] これに対して宇宙にある天然の物体をまとめて天体という。

ことがわかっています。新しい恒星が誕生したわけではないため、徐々に暗くなってやがては見えなくなってしまいます。新星や超新星は、中国や日本ではかつて客星と呼ばれ、古記録にも登場します。有名なものとしては中国の歴史書『宋史』に「嘉祐元年三月辛未、司天監言：自至和元年五月、客星晨出東方、守天関、至是没。（北宋・仁宗の治世である至和元年五月己丑＝1054年7月4日、天関星＝おうし座ζ星付近に"客星"が現れ、2年近く経過した嘉祐元年三月辛未＝1056年4月5日に至って見えなくなった）」という記述があります。これは今では超新星だったことが明らかにされていて、日本でも鎌倉時代の公家、藤原定家の日記『明月記』に同じ客星についての記事が残されています。

◎光のシミの正体は？

　夜空には、光の点だけでなく、雲のようにボーッとした光が見られることもあります。広がりを持つため恒星や惑星ほどはっきりとは見えず、その輝きはとても淡いです。これら光の"シミ"はいくつかの種類に分けることができます。

　まず、夜空に大きくかかるように見える光の帯を**天の川**といいます。双眼鏡や望遠鏡で覗くと微かな恒星の集まりであることがわかります。天の川の正体は、星々の大集団である**銀河**（天の川銀河＝銀河系）を中から見た姿です。天の川は夏の夜空によく見え、さそり座やいて座のあたりがとくに濃く見えます。とはいえその光は非常に淡く、空が暗いところでないと見ることはできません。

　多くの光の"シミ"は天の川ほど大規模ではなく、肉眼で見えるものはわずかです。そのような"シミ"の中には、双眼鏡や望遠鏡で覗くと星の集まりだとわかるものがあります。これが先に述べ

た星団で、その見た目の違いから散開星団と球状星団に分けられます。**散開星団**は数十から数百個程度の星がまばらに集まったものでとくに決まった形がなく、**球状星団**は数百万から数億個の星が密集していてその名の通りボールのような形に星が集まった天体です。肉眼で見える星団の例としては、プレセペ星団 M 44 やプレヤデス星団 M 45（散開星団）、M 13（球状星団）があげられます。

　望遠鏡で覗いても星の集まりだとわからない光の"シミ"の多くは、宇宙に漂う水素などのガスが濃く集まった天体で、**星雲**といいます。誕生まもない星の光を受けた水素ガスが電離して光る H Ⅱ 領域や星雲に含まれる塵が近くの恒星の光をはね返して光る反射星雲（両者をまとめて散光星雲といいます）、惑星のように見えることから名付けられた惑星状星雲など様々な種類の星雲があり、それらは星の一生と深く関わっています。肉眼で見える星雲の例としては、オリオン大星雲 M 42 があげられます。

　星雲に見える光の"シミ"のうち一部は、天の川銀河同様、星の大集団である銀河であることがわかっています。銀河は非常に遠くにあるため肉眼で見えるのはほんのわずかです。かつては星雲と銀河の区別が付けられなかったため、まとめて星雲と呼ばれていました。代表的なものにアンドロメダ大星雲と呼ばれていたアンドロメダ銀河 M 31 があります。

　◎**夜空を動く光**

　光の点の中には、夜空を短時間でスーッと動いていくものがあります。見えたと思ったら一瞬のうちに消えてしまう流れ星（流星）とは異なり、長いものでは数分間にわたって見え続けます。しばしば UFO と間違われてしまうのですが、その正体は**人工衛**

星です。人工衛星は太陽の光をはね返して光っています。そのため地上には太陽の光が当たらずに暗くなっているけれども、人工衛星が回っている上空にはまだ太陽の光が差し込んでいる時間帯、すなわち日没後数時間か日の出前数時間しか見ることができません*2。

　人工衛星のうちもっとも見やすいのは、**国際宇宙ステーション**（ISS）でしょう。人類が宇宙につくった最大の建造物である ISS は非常に明るく見え、ときには金星より明るく輝きます。ISS がいつ空のどこに見えるかは宇宙航空研究開発機構（JAXA）のウェブページなどを見ると 1 週間程度先までの情報を知ることができますので、ぜひ観察にチャレンジしてください。

　なお、人工衛星は飛行機と違い点滅することはありません。どちらも同じくらいの速さで動いて見えますが、チカチカと点滅して見えたら飛行機、そうでなければ人工衛星と両者を区別してください。

人工衛星が見える原理

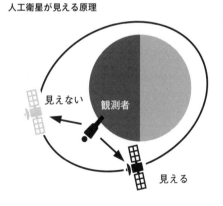

*2　例外として静止衛星は非常に高い軌道を回っているため真夜中でも見ることができる。

3 星座って何個あるの？

夜空に輝く無数の星々を注意深く眺めてながら星と星をつないでみると、いろいろな形が浮かび上がってきませんか。有史以来親しまれてきたアステリズムや星座を見てみましょう。

◎アステリズムを見つけよう

　空が暗いところで夜空を見上げると、頭の上には数えきれないほどの星を見ることができます。その中で目立つ星どうしをつなぐと、三角形や四角形など様々な形をつくることができます。そこで、誰がいつ頃つくったのかは定かでない場合が多いですが、季節の名を冠して「○○の大三角」などといった形が夜空の目印として使われます。これらを**アステリズム**といい、星や星座を探すときにたいへん役に立ちます。ほとんどが明るい目立つ星からつくられていますから、都会の空でもこれから紹介するアステリズムは簡単に見つけることができるでしょう。

◎各季節の代表的なアステリズム

　春の夜空には有名な**北斗七星**[*1]の柄の部分から、うしかい座のアークトゥルス、おとめ座のスピカとたどる**春の大曲線**や、アークトゥルスとスピカにしし座のデネボラを加えた**春の大三角**、さらにりょうけん座のコルカロリを加えた**春のダイヤモンド**があります。春の大三角や春のダイヤモンドにはやや暗い星が含まれていますので、少し見つけにくいかもしれません。

　夏の夜空には空高く昇る**夏の大三角**があります。こと座のベガ、

＊1　北斗七星自体もアステリズム。

わし座のアルタイル、はくちょう座のデネブからなる大きな二等辺三角形です。欧米でいわれる、いて座の明るい星々をつないでつくられる形 "ティーポット" もアステリズムといえるでしょう。いて座には北の北斗七星に対して、南斗六星と呼ばれる星ならびもあります。

　秋の夜空には明るく目立つ星が少ないですが、ペガスス座とアンドロメダ座の星々でつくる秋の四辺形が目につきます。

　明るい星が多くきらびやかな冬の夜空にはオリオン座のベテルギウス、おおいぬ座のシリウス、こいぬ座のプロキオンを結んだ**冬の大三角**や、シリウス、プロキオンに、ふたご座のポルックス、ぎょしゃ座のカペラ、おうし座のアルデバラン、オリオン座のリゲルを加えた**冬のダイヤモンド**があり、豪華絢爛です。

各季節の代表的なアステリズム

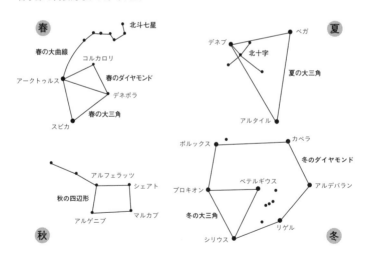

◎夜空の絵巻物「星座」

　今のように街明かりがなかった頃は、夜、晴れていればいつでも満天の星を見ることができました。そのため人々は星を眺め、特徴的な星ならびに動物や神々、道具などの姿をあてはめていきました。今日、それらは**星座**と呼ばれ親しまれています。

　星座は動物や神々、道具の姿をかたどったものですが、名が体を表しているものはそこまで多くありません。それもそのはずで、星ならびだけで名付けられた星座ばかりではないのです。

　例えばこいぬ座は主な星が２つしかない星座で、それで犬の姿を表しているわけですが、おおいぬ座とともに狩人オリオンの後ろについていくように見えたことから設定されたものです。

　街明かりが明るいところでは、そもそも星座の星たちをつないでその姿を想像することは困難です。あのあたりにこんな姿の星座があるのだな、と思い描ける想像力が、星座を見るためには必要なのかもしれません。

こいぬ座の星座絵と星座線

こいぬ座の最輝星プロキオンには「犬の前に」という意味がある。これは、おおいぬ座のシリウスよりも先に昇ってくることから名付けられた。

◎自由に描いてみよう

　現行の星座は **88 個**あり、それぞれの夜空での範囲（区画）が国際天文学連合（IAU）によって定められています。しかし、それはあくまで「夜空のこの範囲が○○座ですよ」ということだけで、その中の星々をどうつなごうが、どのような絵をあてはめようが、個人の自由です。

　プラネタリウムなどでおなじみの星座絵は、バイアー[*2]やフラムスティード[*3]といった昔の天文学者が描いたものを踏襲していることが多いですが、それにとらわれる必要はありません。自由に「しし」や「さそり」の姿を空想してよいのです。

　アステリズムも同様です。夏の大三角や冬のダイヤモンドといった形が慣習的に使われ理科の教科書などにも載っていますが、星々をどうつないでどのような形をつくろうとも、自分が楽しむ分にはいっこうに構いません。例えば、冬は、ダイヤモンドではなく、ベテルギウスを含めて順につないで大きな「の」の字を描いてもいいのです[*4]。

　本項で紹介できなかったアステリズムもたくさんあります。ぜひ皆さんも、夜空を舞台に自由に絵を描いて、星空に親しんでください。

おおぐま座の星のつなぎ方の例

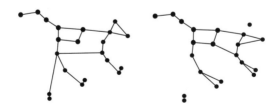

[*2]　ヨハン・バイアー（1572-1675）、ドイツの法律家、アマチュア天文家。
[*3]　ジョン・フラムスティード（1642-1719）、イギリスの天文学者。
[*4]　アメリカではそれをアルファベットの"G"と表現することもある。

4 星座は 5000 年も前からあった？

星ならびを動物や神々、道具の姿に見立てた星座は、誰がいつ頃どのようにつくったものなのでしょうか。また、どのような変遷をたどって現在の姿になったのでしょうか。

◎古代にさかのぼる星座の起源

星座の起源は、はっきりとしたことはわかっていませんが、今から数千年もの昔に、メソポタミアやエジプトのあたりでつくられるようになったと考えられています。

今から 5000 年ほど前、メソポタミアに王国を築いたシュメール人やアッカド人は夜空に見える星を「天の羊」と呼んでいたそうです。紀元前 12 世紀頃の境界石（土地の境界を示す石碑）にはいて座ややぎ座の起源と考えられる神や怪物の姿が刻まれていますし、紀元前 7 世紀頃の新アッシリア王国の記録には 36 の星座[*1]が認められ、これらが今日まで用いられている星座の原型だと考えられています。一方、エジプトでも同時期に独自の星座がつくられていたようです。

メソポタミアでつくられた星座は、地中海を舞台に海上交易に従事したフェニキア人によってエジプトやギリシアへと伝えられていきました。エジプトのデンデラ神殿複合体を構成するハトホル神殿の天井には、「デンデラの黄道帯」と呼ばれる紀元前 1 世紀頃のものとみられるレリーフがあり[*2]、メソポタミアの黄道 12 星座とエジプト独自の星座が混在して描かれています。ギリシアにもかなり古くからメソポタミアの星座が伝わっていたよ

*1　黄道 12 星座と北天 12 星座と南天 12 星座の合わせて 36 星座。
*2　現在はフランスのルーブル美術館蔵。

うで、紀元前 8 世紀に成立したとされるホメロスの叙事詩『イーリアス』や『オデュッセイア』にはすでに星座が登場しています。現代に伝わる星座に関するギリシア神話のほとんどは、紀元前 3 世紀の詩人アラトスの詩集『パイノメナ』の記述にもとづいています。そして、紀元前 2 世紀頃にヒッパルコスによってつくられた星座の一覧をもとに、48 の星座を著書『アルマゲスト』にまとめたのがプトレマイオス[*3]です。いわゆる「プトレマイオスの 48 星座」は、アルゴ座が分割された以外は、すべて現在でも使われています。なお、同書には星座の情報が言葉でしか記述されていません。星座を星の配置とともに図示したのは、スーフィー[*4]が著した『キターブ・スワール・アル・カワーキブ（星座の書)』が最初だといわれています。

デンデラの黄道帯に描かれた星座

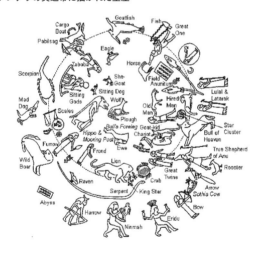

＊3　クラウディオス・プトレマイオス（83?-168?），古代ローマの学者、トレミーとも。
＊4　アブドゥル・ラフマーン・スーフィー（903-986），ペルシアの天文学者。

◎乱立する星座たち

「プトレマイオスの48星座」は、その後も変わることなく使われ続けます。ところが15世紀に入り大航海時代が始まると、ヨーロッパ人が海を渡って南半球へ進出するようになり、それまでヨーロッパでは見ることができなかった星空に出会うようになります。そこには当然、星座がありませんから、新しい星座をつくる必要が生じてきます。また望遠鏡が発明され天体観測が精密化したことで、プトレマイオスが設定した星座と星座のあいだにも新しい星座がつくられるようになっていきました。ただし当時は世界的な天文学の組織がありませんでしたから、各国で天文学者が好き勝手に星座をつくるようになってしまったのです。中には同じ領域に重ねてつくられた星座もありました。

このとき新設された星座は、大きく5つに分けることができます。

① 南方で発見された珍しい生きものをモデルにしたもの
② 航海に必要な道具をモデルにしたもの
③ 当時、発明されたばかりの機器や道具をモデルにしたもの
④ みずからの国の王や天文学者を称えたもの
⑤ その他

①の例としてはバイアーがつくったカメレオン座やくじゃく座が、②の例としてはラカーユ*5がつくったコンパス座やじょうぎ座が、③の例としてはラランド*6がつくったけいききゅう（軽気球）座が、④の例としてはボーデ*7がつくったフリードリヒのえいよ（栄誉）座が、⑤の例としてはヒル*8がつくったなめくじ

*5 ニコラ＝ルイ・ラカーユ（1717-1762）、フランスの天文学者。
*6 ジョセフ＝ジェローム・ルフランセ・ド・ラランド（1732-1807）、フランスの天文学者。
*7 ヨハン・エレルト・ボーデ（174-1826）、ドイツの天文学者。
*8 ジョン・ヒル（1716?-1775）、イギリスの植物学者。

座などがあげられます。しかし、その多くは現在では使われていません。

◎現行88星座

　様々な星座が新設されると、星図の製作者によって採用する星座が異なり、混乱が生じるようになります。また当時は星座と星座の境界という概念がなかったため、どの天体がどの星座に属するのかも曖昧でした。

　そこで、国際天文学連合（IAU）によって星座とその境界線を定める作業が始められ、1922年に現行の88星座が定められました。IAUによって定義されたのは星座の領域（境界線）と星座名のみで、星座線のつなぎ方などは決められていません。なお、星座の大きさとはこの境界線で囲まれた領域の面積のことをいいます。もっとも大きな星座はうみへび座、もっとも小さな星座はみなみじゅうじ座です。

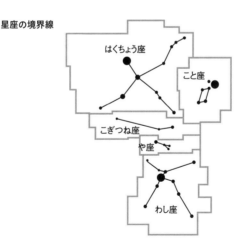

星座の境界線

星座の境界が厳密に定められたため、かつては2つの星座で共有されていた星が、どちらか片方の星座にしか属せなくなってしまいました。

例えば、秋の四辺形をつくる星のうち北東に位置する2等星アルフェラッツは、ペガスス座とアンドロメダ座で共有されていましたが、現在では、アンドロメダ座の星とされています。

星座にはラテン語による正式な名称（学名）とともに、アルファベット3文字で表す略号も定められています。一方、星座の和名は日本学術会議によって決められ、基本的にひらがなかカタカナで表記することになっています*9。

和名は何度か改訂されてきたので、古い書籍を読むと、今では見慣れない星座名が登場することがあります。例えばインディアン座はかつて「印度人座」とされていましたし、ポンプ座は「排気器座」とされていました。

88 星座一覧

略号	星座名
And	アンドロメダ
Mon	いっかくじゅう（一角獣）
Sgr	いて（射手）
Del	いるか（海豚）
Ind	インディアン
Psc	うお（魚）
Lep	うさぎ（兎）
Boo	うしかい（牛飼）
Hya	うみへび（海蛇）
Eri	エリダヌス
Tau	おうし（牡牛）
CMa	おおいぬ（大犬）
Lup	おおかみ（狼）
UMa	おおぐま（大熊）
Vir	おとめ（乙女）
Ari	おひつじ（牡羊）
Ori	オリオン
Pic	がか（画架）
Cas	カシオペヤ
Dor	かじき（旗魚）
Cnc	かに（蟹）
Com	かみのけ（髪）

---

*9 例えば、Sagittarius（サジタリウス）の和名はいて座（射手座とは書かない）で、略号は Sgr。

略号	星座名
Cha	カメレオン
Crv	からす（烏）
CrB	かんむり（冠）
Tuc	きょしちょう（巨嘴鳥）
Aur	ぎょしゃ（馭者）
Cam	きりん（麒麟）
Pav	くじゃく（孔雀）
Cet	くじら（鯨）
Cep	ケフェウス
Cen	ケンタウルス
Mic	けんびきょう（顕微鏡）
CMi	こいぬ（小犬）
Equ	こうま（小馬）
Vul	こぎつね（小狐）
UMi	こぐま（小熊）
LMi	こじし（小獅子）
Crt	コップ
Lyr	こと（琴）
Cir	コンパス
Ara	さいだん（祭壇）
Sco	さそり（蠍）
Tri	さんかく（三角）
Leo	しし（獅子）
Nor	じょうぎ（定規）
Sct	たて（楯）
Cae	ちょうこくぐ（彫刻具）
Scl	ちょうこくしつ（彫刻室）
Gru	つる（鶴）
Men	テーブルさん（テーブル山）
Lib	てんびん（天秤）
Lac	とかげ（蜥蜴）
Hor	とけい（時計）
Vol	とびうお（飛魚）

略号	星座名
Pup	とも（船尾）
Mus	はえ（蠅）
Cyg	はくちょう（白鳥）
Oct	はちぶんぎ（八分儀）
Col	はと（鳩）
Aps	ふうちょう（風鳥）
Gem	ふたご（双子）
Peg	ペガスス
Ser	へび（蛇）
Oph	へびつかい（蛇遣）
Her	ヘルクレス
Per	ペルセウス
Vel	ほ（帆）
Tel	ぼうえんきょう（望遠鏡）
Phe	ほうおう（鳳凰）
Ant	ポンプ
Aqr	みずがめ（水瓶）
Hyi	みずへび（水蛇）
Cru	みなみじゅうじ（南十字）
PsA	みなみのうお（南魚）
CrA	みなみのかんむり（南冠）
TrA	みなみのさんかく（南三角）
Sge	や（矢）
Cap	やぎ（山羊）
Lyn	やまねこ（山猫）
Pyx	らしんばん（羅針盤）
Dra	りゅう（竜）
Car	りゅうこつ（竜骨）
CVn	りょうけん（猟犬）
Ret	レチクル
For	ろ（炉）
Sex	ろくぶんぎ（六分儀）
Aql	わし（鷲）

5 誕生日の星座はどうやって決められたの？

皆さんは、自分の誕生星座を知っていますか。かつては切っても切れない関係にあった占星術と天文学。その舞台ともいえる黄道十二星座の秘密に迫ってみましょう。

◎占星術の始まりと黄道十二宮

　古来、夜空に輝く星々の中に異なる動きをする天体が7つ、知られていました。太陽、月、5つの惑星（水星、金星、火星、木星、土星）です。遅くとも紀元前20世紀頃には天の徴（しるし）が地上の出来事の前兆であるという考え方が古代バビロニアで生まれたといわれています。当時は、天が示す兆しは国家や為政者に関わるものに限られていると考えられていましたが、その後、天文学の発達によって惑星の運行に関する知識が蓄えられ、太陽や月、惑星の夜空での配置によって個人の運命をも予言できるとされるようになりました。古代ギリシア時代に、対象者の出生時の天体の配置を描いたホロスコープを用いる占星術が出現し、プトレマイオスによって体系化されました。このとき天体の位置を示すのに使われたのが**黄道十二宮**（こうどうじゅうにきゅう）という概念です。

　黄道十二宮は、天球における太陽の通り道である黄道を30度ずつ十二分割したものです。基準は黄道と天の赤道の交点の1つである春分点で、太陽の黄道上の見かけの運動方向と同じ方向に向かって白羊宮（はくよう）（おひつじ座）、金牛宮（きんぎゅう）（おうし座）……と続いていきます。太陽はもちろんのこと、月や惑星も基本的には黄道に沿って動いていくように見えます。

黄道と黄道十二宮

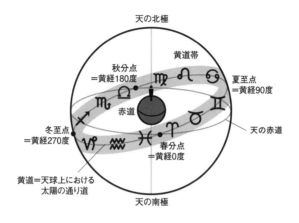

では、「私は〇〇座生まれ」といったとき、この「〇〇座」はどのように決められているのでしょうか。これには、太陽が関係しています。**あなたが生まれた日に、太陽が位置している星座があなたの誕生星座**になります。ですから、残念ながら誕生日に自分の誕生星座を見ることはできません。昼の空、太陽の背後にあるからです。自分の誕生星座を見たいと思ったら、3〜4カ月前の日暮れ後がいいでしょう[*1]。

◎黄道十二宮と黄道十二星座

雑誌やテレビで紹介される現在の星占いでは、しし座やさそり座といった星座名が使われています。しかし、占星術で使われるのは黄道十二宮であり、これと黄道十二星座は厳密には異なる概念です。先に述べたように、黄道十二宮は現実の星ならびにとら

[*1]　例えば7月23日〜8月22日に生まれた人の誕生星座はしし座だが、しし座が夜空に見やすいのは3〜5月となる。

われず黄道を機械的に十二分割したものです。一方、現在の星座はそれぞれ区画（領域）が決められていて、その大きさはまちまちです。名称も白羊宮／おひつじ座、金牛宮／おうし座、というように違いますね。

　また、現在では、皆さん自身の誕生星座（黄道十二宮）と、実際に誕生日に太陽がいる星座はずれてしまっています。例えば7月23日〜8月22日に生まれた人は誕生星座がしし座ですが、実際に太陽がしし座の領域を通過するのは2020年の場合8月10日〜9月15日でした。このずれの原因は地球の**歳差運動**です。歳差運動とは回転するコマが首を振るように、地球の地軸の向きが一定の周期で回転することで、その結果、黄道十二宮の基準である春分点の位置は、徐々に西向きに移動していきます。その周期は約2万6000年です。占星術が体系化された古代ギリシア、古代ローマの時代には春分点はおひつじ座の領域にあり、そこを基準に黄道十二宮が定められたわけですが、長い年月を経て、現在では春分点は隣のうお座の領域に位置しています。しかし、占星術では、

黄道十二宮と誕生星座のずれ

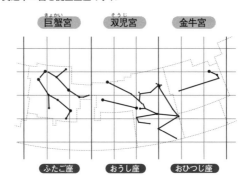

巨蟹宮（きょかい）　双児宮（そうじ）　金牛宮

ふたご座　おうし座　おひつじ座

実際の春分点の位置を基準に黄道十二宮を割り振っていきますから、おのずから実際の星座と黄道十二宮がずれていくことになるわけです。

◎仏教に取り入れられた十二宮

黄道十二宮は西洋占星術のもの、というイメージが強いかもしれません。日本に西洋の占星術や天文学が伝わったのは江戸時代になってからですが、実は黄道十二宮はそれより千年近くも前に、仏に姿を変えて日本にやってきていました。

平安時代の初め、中国（唐）に渡り仏教の教えを学んだ空海（弘法大師）は、帰国する際に様々な経典とともに二種の曼荼羅を持ち帰りました。曼荼羅とは仏教の世界観を描いた図像です。空海が持ち帰ったのは胎蔵界曼荼羅と金剛界曼荼羅で、このうち胎蔵界曼荼羅にはたくさんの天体が仏尊の姿で描かれています。中国やインドの星座（星官）に含まれる二十八宿（インドでは二十七宿）、太陽、月、惑星などで、さらにそれらに加えて黄道十二宮も描かれているのです。仏教はインドにおいて既存の様々な信仰を取り込んで成立しました。その過程で、西洋から伝わった天体の知識が取り込まれていったのかもしれません。

胎蔵界曼荼羅に描かれている黄道十二宮の姿は、西洋のそれとは異なるものがあり、名称にも微妙な差異があります。例えば双児宮（ふたご座）は夫婦宮もしくは男女宮とされ、男女のペアとされていますし、処女宮（おとめ座）は双女宮とされ、女性が2人となっています。寺院によっては両曼荼羅を公開しているところもありますので、興味がある方はぜひ見に行ってみてください。

日本由来の星の名前はあるの？

私たちが耳にする星の名前の多くは外国語が由来です。では、日本独自の星の名前はないのでしょうか。日本人と星のかかわりを古代にさかのぼり振り返ってみましょう。

◎中国からの輸入品

日本は古来、隣国・中国から様々な文物を取り入れてきました。稲作、文字（漢字）、仏教など、多くのことを中国から学んできたのです。天文学もその1つで、暦は中国のものを輸入して使用してきました。そのため、星の呼び名なども、少なくとも支配者層は中国のものを用いていたのです。例えば、『日本書紀』の天武天皇十年九月癸丑条に「熒惑入月」という記述があります。ここでいう熒惑とは火星のことで、中国では陰陽五行説*1にもとづいて火星をこのように呼んでいました。

中国では、西洋とは異なる独自の星座体系が形作られていました。中国の星座に相当するものを天官（または星官）といいます。天の北極を天の皇帝（天帝）の座所とし、その周囲に宮城や街を描いて地上の秩序を天に映していたのです。天の北極に近いほど身分が高く、妃や王子、皇帝の側近などを表す天官が配されています。そしてその外側には官僚や兵士、城壁を表す天官が、さらにその外側には庶民が暮らす街を表す天官が置かれているのです。もっとも外側には厠（トイレ）の天官まであります。天官の数は時代によって変化しますが、司馬遷の『史記』には273個の天官が記録されています。なお、中国では天の赤道に沿って空を

---

*1 中国古代の世界観で、陰陽説と五行説が結合したもの。陰陽説は宇宙の現象事物を陰と陽との働きによって説明する二元論で、五行説は万物の根源を木火土金水の5元素において、それらの関係によって、宇宙は変化するという自然論的歴史観を指す。

キトラ古墳の石室に描かれた天文図の模式図

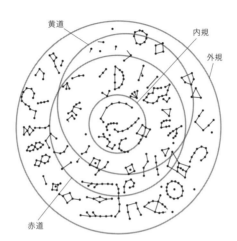

28の領域に区分した二十八宿がつくられ、天文計算や星占いに
用いられました。28という数字は月の公転周期に由来し、1日の
あいだに1つの宿を月が通過していくと仮定したのです。二十八
宿は、いわば西洋の黄道十二宮の月バージョンといえるでしょう。

　天官や二十八宿は7〜8世紀頃までに日本に伝わったようで
す。奈良県明日香村にあるキトラ古墳や高松塚古墳の石室の天井
には、星を丸い金箔で表わした天文図が描かれ、**東アジアに残さ
れている最古の天文図**といわれています。

◎**日本人がつくった星座**

　その後、天官、とくに二十八宿は暦などとともに庶民にも広がっ
ていきます。そして西洋の星座が輸入されるまでは、いわゆる中

国星座が使われ続けました。しかし、江戸時代の一時期、日本人によって独自の星座がつくられ使われた時期があります。星座をつくったのは日本人の手による初の改暦を成し遂げ、後に江戸幕府天文方となった**渋川春海**と、その子・**渋川昔尹**です。

渋川春海は、完全に0から独自の星座をつくったわけではなく、天官の隙間を埋めるように新しい星座を追加していったのです。彼がつくった星座は全部で61。それらは大きく①日本独自の社会制度にまつわるものと、②付近の天官にちなむものとに分けることができます。①の例としては律令制度化の行政機構である八省 *2 を表す星座や九州に置かれた地方行政機関である大宰府を表す星座が、②の例としては天官である老人、子、孫のすぐ近くに置かれた曾孫や玄孫を表す星座や織女の近くに置かれた蚕を表す星座（天蚕）などがあげられます。

渋川春海と昔尹がつくった星図『天文成象』は大きな影響力を持ちますが、江戸時代後半になると、より近代的な星表『欽定儀象考成』が中国から伝わり、彼らがつくった星図や星座は使われなくなってしまいます。

◎星の和名たち

「星はすばる。彦星。夕づつ。よばひ星、すこしをかし。尾だになからましかば、まいて。」——これは平安時代中期に清少納言によって書かれた随筆『枕草子』の一節です。ここには4つの天体、すなわち、**すばる**（プレアデス星団）、**彦星**（七夕の牽牛星＝わし座のアルタイル）、**夕づつ**（金星）、**よばひ星**（夜這い星＝流星）が登場します。いずれも日本独自の天体の呼び名で、このことから日本にも舶来ではない天体名、和名があったことがわかります。10世

---

*2　中務省、式部省、治部省、民部省、兵部省、刑部省、大蔵省、宮内省の8つ。

紀中頃に源順（みなもとのしたごう）によって編纂された百科事典『和名類聚抄』には、いくつかの天体について、漢語とともに和名を紹介しています。例えば、昴星の項には、「宿耀経云昴星六星火神也音卯同　和名須八流」、すなわち二十八宿の1つである昴宿は6つの星のあつまりで「和名は須八流（すばる）という」と書かれています。

　一方で、和名には庶民が生活道具や日々の生業（農業や漁業、商い）にちなんでつくったものが地域ごとに数多く伝えられています。プレアデス星団1つとっても、すばるのほか、**六連星**（むつらぼし）や**六地蔵**、**むらがりぼし**、**ごちゃごちゃ星**、**はごいたぼし**など多数の和名が知られています。冬を代表する星座オリオン座には**つづみぼし**という和名が伝わっていますし、オリオン座には、真ん中の三ツ星だけを指した**みたらしぼし**、**だんごぼし**といった和名もあります。和名は、西洋の星座や中国の天官に比べ、生活感が強かったり見た目を素直に表したりすることが特徴といえるかもしれません。

　星ならびだけでなく、個々の星にも和名を持つものがあります。北の空にあってほとんど動かないことで知られるこぐま座の北極星には、**子の星**（ねのほし）、**しんぼし**、**ひとつ星**といった名が付けられていますし、おおいぬ座のシリウスには**あおぼし**や**おおぼし**、りゅうこつ座のカノープスには**おうちゃくぼし**や**みかんぼし**といった和名が伝えられています。恒星の和名は、見た目の色や見える位置・方向にちなんで付けられているものが多いようです。

オリオン座の和名の1つ「つづみ星」

7 曜日にはなぜ惑星の名前が付いているの?

私たちが日常的に使っている「曜日」ですが、天体の名が付けられているのはなぜでしょうか。また、その順番の由来は何でしょうか。「週」や「曜日」の概念と天体の関係をひも解きます。

◎ 7 日というサイクルの誕生

7 日間を 1 つのサイクル（1 週間）とする**七曜星**という考え方は、古代バビロニアで始まったといわれています。太陰暦が使われていた古代バビロニアでは、新月、上弦、満月、下弦と月の形が変わる周期がおおよそ 7 日であることから、毎月 7 日、14 日、21 日、28 日を休日にしたとされています[*1]。キリスト教圏では、『旧約聖書』に創造主が 6 日間で世界（宇宙）を創り 7 日目に休息を取ったことをあげて説明されることも多いようです。

月の満ち欠けの周期

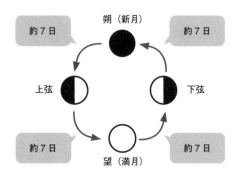

朔（新月）
約 7 日
約 7 日
上弦
下弦
約 7 日
約 7 日
望（満月）

＊1　ただし、実際の月の満ち欠けの周期は 29.5 日のため数が合わない。

　今では世界的に採用されている七曜制も、近代以前は国によっ
て別のしくみが使われていたこともあります。古代エジプトでは、
決まった恒星の出没をもとに 10 日間を単位とした「デカン」と呼
ばれるシステムが採用されていましたし、フランスでは、1793 〜
1805 年と 1871 年に従来の七曜制を廃止し 1 カ月を 10 日間の「デカー
ド」に分けるフランス革命暦が使用されたことがありました[*2]。日
本に曜日の考え方が伝わったのは平安時代初めで、中国（唐）に派
遣されていた空海（弘法大師）が持ち帰ったといわれています。当
時は吉凶判断に用いられるだけで、現在のように生活の単位とし
て使われるようになるのは明治以降のことです。

◎曜日と天体と神々

　日本語の曜日の名前は、日（太陽）、月、火、水、木、金、土と、
どれも「惑星」の名前があてられています[*3]。これら 7 天体は非
常に目立ち、恒星とは異なる動きをするために洋の東西を問わず
特別視されてきました。古代中国では、太陽と月を除く 5 惑星が、
万物は土、木、水、金、火からなるという五行説と結び付き、土
星、木星、水星、金星、火星と名付けられ[*4]、これが占星術との
絡みで曜日の名前に採用されたのです。

　一方、英語では、Sunday（＝太陽／ the Sun）と Monday（＝月／
the Moon）以外は天体と曜日の名前が直接結び付いていませんが、
これには理由があります。西洋では、5 惑星に神々の名前をつけ
ていました。例えば火星（Mars）はローマ神話の軍神 Mārs が由
来です。実際、ラテン語を起源とするロマンス諸語では、これら
ローマ神話の神々の名が曜日の名となっています。例えばイタリ
ア語で火曜日は Martedì です。一方、ゲルマン系の言語では、

---

* 2　同暦では I カ月は等しく 30 日間とされた。
* 3　古代ギリシア・ローマ時代には太陽や月も惑星とされていた。
* 4　ほかに塡星（土星）、歳星（木星）、辰星（水星）、太白（金星）、熒惑（火星）とい
　　　う名もあった。

ゲルマン民族が信仰していた、いわゆる北欧神話の神々などの名が曜日の名に採用されました。ローマ人とゲルマン人の神々が混ざり合うようになって、同一視された神々の名が使われたのです。例えばマルスは北欧神話の軍神テュール（Tyr）と結び付き、Tuesday となりました。なお、土曜日（Saturday）だけは英語でも古代ローマの神の名（農耕神サトゥルヌス）が元になっています。

◎曜日の順番の決め方

では、曜日の順番はどのように決められたのでしょうか。ディオ[*5]が著した『ローマ史』には2つの説が紹介されていて、どちらも当時の天動説的な考え方を反映させた、地球から遠い順＝土木火日金水月という配列が基礎になっていると考えられています。

1つめは音楽説で、テトラコード[*6]のように惑星の配列の繰り返しから4つおきに拾っていくと曜日の順序が得られるというものです（その天体を含めて考えます）。天体と音楽を結び付けることはなにも突飛な考え方ではなく、ピタゴラス[*7]は「各惑星の運行が人間の耳には聞こえない音を発しており、宇宙全体が1つの大きなハーモニーを奏でている」と考えていました。

2つめは占星術説で、時間は天体が支配するという考え方にもとづくものです。これによると、1日24時間にはそれぞれ順番に惑星があてはめられていて、1時に割り振られた天体を拾っていくと曜日の順序が得られるといいます。すなわち、1時が土星、2時が木星、3時が火星……23時が木星、24時が火星、次の1時が太陽（日）となります。こうして土日月火水木金という曜日の並びができあがるわけです。

どちらの説が正しいかは不明ですが、先に述べたように1週間

＊5　カッシウス・ディオ（155?-229?）, 古代ローマ帝国の政治家。
＊6　両端の音の隔たりが完全4度となる4音からなる音階。
＊7　ピタゴラス（BC852-BC496）, 古代ギリシアの数学者。

テトラコードによる曜日配列の決定

＝7日という考え方が占星術から出てきたこと、西洋占星術で用いられるホロスコープ（Horoscope）のHoroの語源が、英語で時間を表すhourと同じであることなどを鑑みると、筆者は占星術説のほうに軍配が上がりそうな気がしています。

　では、週の始まりは何曜日なのでしょうか。曜日の起源を考えると、音楽説でも占星術説でも地球から「もっとも遠い」土星（土曜日）を始まりとしています。ISO規格では月曜日に1、火曜日に2、……日曜日に7が割り振られてるため、現代では世界的に月曜日が週の始まりといえそうです*8。

＊8　日本のJIS規格も同様だが、労働基準法においては1週間を日曜日始まりとしている。

8 星の名前はどうやって付けられるの？

星には様々な名前が付けられていますが、たびたび新天体が発見されることもあります。その際はどのように名前を付けるのでしょうか。様々な天体の名付け方を見てみましょう。

◎星にはいろいろな名前がある

夜空に輝く星々の名前を、皆さんはいくつ知っているでしょうか。スピカ、ベガ、アンタレス、ベテルギウス……、どれも街中でも見える明るい星に付けられた名ですが、これらを固有名といいます。固有名の多くはアラビア語やギリシア語、ラテン語に由来し、古くから使われてきましたが、それはあくまで慣習的なものでした。国際天文学連合（IAU）が恒星の固有名を正式に定めたのは 2016 年のことです。2023 年 4 月現在、正式な固有名が付けられた恒星は **472 個**にのぼります（太陽を除く）。

固有名が付いている恒星は、ほんの一部です。そのため、もう少し系統的に恒星を命名する方法も考案されました。例えばバイアーは、その星座に属す恒星に、原則として明るい順に α、β、γ、δ といったギリシア文字のアルファベットを付ける命名法を提案しました。これを**バイアー記号**といいます。こと座のベガはこと座をつくる星のうちもっとも明るく、こと座 α 星とも呼ばれます。ただバイアー記号は割り当て方に例外も多く、α 星がもっとも明るい星ではない星座も少なくありません[*1]。また、その星座に属す恒星に、原則として西から数字を割り当てる**フラムスティード番号**と呼ばれる命名法もあります[*2]。

[*1] 例えばふたご座はカストル（1.6 等星）が α 星でポルックス（1.2 等星）が β 星。

[*2] フラムスティードの名が冠されているが彼の発案ではない。なおバイアー記号とは独立して付けられているため、両方の記号（番号）を持つ星も数多くある。例えばベガはこと座 3 番星とも呼ばれる。

◎天体のカタログ

　バイアー記号もフラムスティード番号も、全天をカバーしていなかったり、暗い星に記号（番号）が付けられていなかったりと、抜けが多々あります。そこで、20世紀に入ると網羅的な恒星カタログがつくられるようになります。例として22万個を超える恒星の位置と明るさ、スペクトル型(星の色)をまとめた「ヘンリー・ドレイパーカタログ」があげられます。また、ある用途に特化した命名法やカタログもつくられるようになります。例えば地球に近い恒星のみを集めた「グリーゼ近傍恒星カタログ」や、変光星にアルファベットを割り当てる命名法である「アルゲランダー記法」、変光星を収録した「変光星総合カタログ」などがあります。地球からわずか8.6光年の距離にあるシリウス（おおいぬ座）はグリーゼ近傍恒星カタログにもGJ 244として載っています。非常に赤く見える星として知られるクリムゾンスター（うさぎ座）は約430日の周期で明るさを変える変光星でアルゲランダー記法ではうさぎ座R星（R Lep）と表記されます。

　カタログがつくられているのは、恒星に限りません。星雲や星団、銀河などのカタログもあります。もっとも有名なのはメシエ＊3が作成した「メシエカタログ」でしょう＊4。さらに多くの星雲・星団・銀河を集めたものに「ニュージェネラルカタログ（New General Catalogue：NGC）」があり、7840個の天体が掲載されています。特定の天体に特化したカタログもあり、星団だけを集めた「メロッテカタログ」や、散開星団のみを収録した「コリンダーカタログ」など様々です。ほかにも、北半球から見える一定条件を満たした銀河のカタログ「ウプサラ銀河カタログ（UGC）」、銀河団のカタログである「エイベルカタログ」などがあります。

＊3　シャルル・メシエ（1730-1817）, フランスの天文学者。
＊4　メシエは彗星の探索を生業としていたため、その妨げになる彗星と紛らわしいボーッとした天体を集めた。

◎発見者の名が付く、発見者が名付ける

　現在では、恒星や星雲、星団などが新たに見つかることはまれですが、太陽系内の小天体、太陽系外惑星、新星や超新星といった天体現象は、日々発見が続いています。これらのうち多くは機械的に発見年やアルファベットなどの記号が割り当てられるのですが、発見者の名前が付く、または発見者に命名提案権が与えられる天体もあります。前者は彗星、後者は小惑星です。

　彗星は、発見年（西暦）や発見月、発見順を表すアルファベットからなる符号が付けられますが、それとは別に、その彗星を独立に発見した人の名前が付けられます（先着3名まで）。

　ただし例外もあります。有名なハレー彗星（ハリー彗星）は古代から知られていたため発見者がいるわけではなく、その軌道を調べて約76年周期で太陽のまわりを公転している天体であることを突き止めたハレー[5]の名が冠せられています。発見者は個人であるとは限りません。例えばIRAS・荒貴・オルコック彗星（C/1983 H1）のIRASはアメリカの赤外線観測衛星IRASのことですし、数多くあるリニア彗星のリニアとは地球に近づく小惑星を発見するNASAなどのプロジェクト、リンカーン地球近傍小惑星探査（LIncoln Near-Earth Asteroid Research：LINEAR）のことです。

　小惑星の場合も、発見されるとまずは符号が付けられます（仮符号）。その後、複数回の観測を経て軌道が確定すると小惑星番号と呼ばれる通し番号が付けられます。一方で、発見者がIAUに対して名前を提案することができ、認定されればその名前が小惑星に付くことになります[6]。命名には一定のルールがあり、他の天体と重複したり著しく似ていたりしないこと、アルファベットで16文字以下であることなどがあげられます。

＊5　エドモンド・ハレー（1656-1742），イギリスの天文学者。
＊6　変わった小惑星名も多く、小惑星6562 Takoyaki（たこ焼き）、小惑星12796 Kamenrider（仮面ライダー）、小惑星12408 Fujioka（藤岡＝藤岡弘、）、小惑星24680 Alleven（小惑星番号の数字がすべて偶数＝イーブンであることから）など多種多様。

彗星の命名規則

> **彗星には正式な符号が付けられる。**
> ➡発見者が同じ彗星を区別するため。
> ➡発見年月などを一目でわかるようにするため。

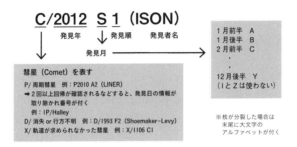

◎地形にも名前がある

太陽系の天体、とくに地球や火星のような固い表面を持つ天体には、クレーターや山（山脈）などの地形があります。主だった地形には名前が付けられていて、地名の命名法は、それぞれの天体によって異なります。

例えば水星のクレーターには芸術家の名前が付けられていて、モーツァルト、イプセン、ゴーギャン、リ・ポ（李白）、ゼアミ（世阿弥）、ケンコウ（吉田兼好）、ソウタツ（俵屋宗達）などがあげられます。

月などの衛星や小天体の地形にも名前が付けられています。近年では、小惑星探査機「はやぶさ2」が探査した小惑星リュウグウの地形に、童話などに出てくる名称が付けられ、モモタロウ（クレーター）やオトヒメ（岩塊）、サンドリヨン（クレーター）といった地名が誕生しています。

9　日食や月食はどうして起きるの？

数ある天文現象の中でも有名な日食と月食。そのしくみは単純に見えて、けっこう奥が深いのです。日食や月食以外の「食」も合わせて、その魅力と観察方法を紹介しましょう。

◎月が太陽を隠す「日食」

日食は**太陽、月、地球がこの順に一直線に並び、月の影が地球に落ちる現象**です。月の影に入った地域では、太陽が月に隠され、月が欠けて見えます。太陽、月、地球の配列からわかる通り、日食は必ず**新月の日**に起こります。新月のたびに日食が見られないのは、月が地球のまわりを回る軌道が、地球が太陽のまわりを回る軌道に対してわずかに傾いているからです。月の公転や地球の自転の影響で、日食は見る場所によって始まる時刻や終わる時刻、欠け具合（食分）が違います[*1]。

日食には、太陽の一部分だけが隠される**部分日食**、月が太陽の真正面に来て太陽本体がすべて隠される**皆既日食**、月が太陽の真正面に来るものの月の見かけの大きさが太陽より小さいため太陽本体をすべて隠しきれず太陽が環になって見える**金環日食**があります。皆既日食と金環日食の違いが生じる理由は、月の軌道がわずかにつぶれた楕円だからです。つまり、月が地球に近いときに日食が起きると月の見かけの大きさが大きいため皆既日食となり、月が地球から遠いときに日食が起きると月の見かけの大きさが小さいため金環日食となるのです。

日食の観察は、欠けているとはいえ太陽を見ることと同義です

[*1]　観察する際は、いつ太陽が欠け始めて、いつもっとも欠けるのかなどを事前に調べておくようにするとよい。

皆既日食のしくみ

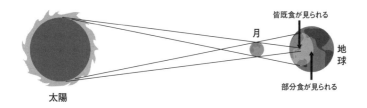

から、日食グラスを使ったりピンホールを使って紙に映したりするなど、安全な方法でおこなうようにしましょう。肉眼での観察はもちろんのこと、サングラスや黒い下敷き越しに見たり、望遠鏡や双眼鏡で覗いたりすることが絶対にないようにしてください。

　では、次に日食が見えるのはいつでしょうか。次に日本の広い範囲で日食が見られるのは2030年6月1日です。このときは北海道の大部分で金環日食が、その他の地域で部分日食が見られます。日本国内で皆既日食が見られるのは、次は2035年9月2日です[2]。

◎地球が月を隠す「月食」

　月食は太陽、地球、月がこの順に一直線に並び、地球の影が月に落ちる現象です。月は太陽の光をはね返して光っていますが、地球の影に入った領域には太陽の光が当たりませんから暗くなり、月が欠けて見えます。太陽、地球、月の配列からわかる通り、月食は必ず満月の日に起こります。満月のたびに月食が見られないのは、日食と同じ原理です。月食は日食と異なり、そのとき月

---

[2]　皆既日食が見られるのは北関東から中部地方にかけてで、県庁所在地であれば水戸、宇都宮、前橋、長野、富山　あたり。

が出ている地球の夜側の領域であればどこででも見られます。月食が始まる時刻や終わる時刻も日本全国どこでも同じです。

月食には、月の一部分またはすべてが半影にのみ入って月がやや暗くなるだけの**半影月食**、月の一部分が本影に入って隠される**部分月食**、月全体が本影に入って隠される**皆既月食**があります。皆既月食は、月がすべて本影に入って見えなくなってしまうかと思いきや、逆に月全体が赤銅色に鈍く光って見えます。食中の月に太陽光が届くのは地球の大気で太陽光が屈折して地球の影の中に入り込むからです。このとき大気中の微粒子が青っぽい光が散乱し、赤っぽい光だけが月に届くために皆既月食は赤銅色に見えるのです*3。

では、次に月食が見られるのはいつでしょうか。直近では、2024年に部分月食が起こりますが、日本からは見ることができません。2025年には皆既日食が3月14日と9月8日と2回起き、そのうち9月8日は日本で好条件で見ることができます。

月食のしくみ

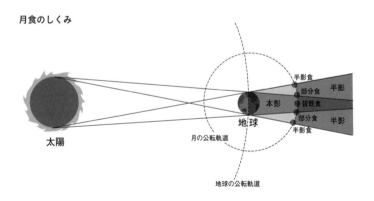

*3　これは夕陽が赤く見えるのと同じ原理。

◎いろいろな「食」

　天文現象の中には、日食と月食以外にも「食」と名が付くものがあります。

　例えば、月が惑星を隠す惑星食や、月が恒星を隠す恒星食です。恒星食の中では、1等星の食や連星系の食、星団の食がとくに楽しめます。全天に21ある1等星のうち、星食を起こすのはレグルス（しし座）、スピカ（おとめ座）、アンタレス（さそり座）、アルデバラン（おうし座）の4つです。星食を起こす連星系としてはアンタレスのほか、おとめ座のポリマがあげられます。星団の食のうちもっとも見栄えがするのはプレヤデス星団（すばる）の食でしょう。星団をつくる星々が次々と隠されていく様子は見応えがあります。月は満ち欠けをするため、惑星食も恒星食もそのときの月の形がまちまちです。そのため、月の明るい側から隠され暗い側から出てくるのか、その逆なのかで、観察するポイントが変わってきます。一般的に月の暗い側から潜入もしくは出現するときが見やすいでしょう。なお、ごくまれに惑星による1等星の食が起きることもあります。例えば2044年10月1日には金星によるレグルスの食が見られます。

　「食」の仲間に、内惑星の太陽面通過があります。これは水星や金星がちょうど太陽と地球のあいだに入ることで、地球から見ると水星や金星の「影」が太陽の表面を横切っていくように見える現象です。水星の太陽面通過は、次は2032年11月13日に起こりますが、残念ながら日本では現象の途中で太陽が沈んでしまいます。金星の太陽面通過は21世紀中に見ることができず、次回は2117年12月10日〜11日です。

10 流れ星って何が光っているの?

一瞬の輝きを見せる流れ星。身近な天文現象の1つですが、そのしくみは意外と知られていないものです。流星はなぜ光るのか、どこからやってくるのか、その正体に迫ってみましょう。

◎流れ星が光るしくみ

流れ星（流星）は、夜空に光る星が流れて見えるわけではありません。その元となるのは、**宇宙を漂う大きさが 1 mm から数cm 程度の塵（ちり）**です。塵は秒速数 km から数十 km という猛スピードで地球大気に飛び込んできます。すると塵は大気をつくる分子と衝突し、自分の進行方向の大気を圧縮して高温になります。高温になった大気分子と気化した塵をつくっていた原子は、プラズマ[*1]となり発光します。これが流星の正体です。つまり流星は、天文現象ではあるものの、**地球の大気圏内で起きる現象**なのです。流星が光りはじめるのは地上からの高さが 100 ～ 150 km、消滅するのは高さ 50 ～ 70 km ほどです。

流星が光るしくみ

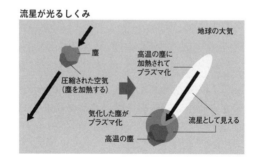

地球の大気

塵

圧縮された空気
（塵を加熱する）

高温の塵に
加熱されて
プラズマ化

気化した塵が
プラズマ化

高温の塵

流星として見える

[*1] 原子が原子核と電子に分かれた状態。

　塵の速さが速いほど、また塵が大きいほど、明るい流星となります。とくに明るい流星を**火球**と呼び、国際天文学連合は「どの惑星よりも明るい流星」を火球と定義しています*2。とくに明るい火球の場合、その元となったものは塵と呼べるほど小さくなく、燃え尽きずに隕石として落下する場合もあります。また明るい流星や火球が流れた後、その軌跡に沿って煙のようなものが見られることがあります。これを**流星痕**といい、数秒ほどで消えてしまうものから1時間近く光り続けるものまで様々です。流星痕の変化を観測すると、上空の大気の運動を調べることができます。

　流星は、高さ数十km〜百数十kmで起きる現象ですから地上の離れた2地点から同じ流星を見ると視差が生じ、背景の星に対して異なる経路を流れるように見えます。もし2地点以上で同じ流星を観測しその経路が記録できれば、塵がどのように宇宙空間から地球に飛来したのか、その軌道を求めることができます。そこから塵を放出した天体（母天体）を明らかにすることもできるのです。

◎**流星のふるさと**

　では、流星の元となる塵はどこからやってくるのでしょう。そのほとんどは、**彗星**からです。ほうき星とも呼ばれる彗星は**氷と塵が混ざり合った天体**で、太陽に近づくと氷が昇華してガスとして噴き出すとともに大量の塵を放出します。放出された塵は彗星の公転軌道上にばらまかれ、太陽のまわりをチューブ状になって公転*3します。もし彗星の軌道が地球の軌道と交差していたとすると、地球とダストトレイルが交差点付近で衝突し、短期間にたくさんの流星が流れることになります。これが**流星群**です。流

＊2　もっとも明るく見える惑星は−4等台になる金星。
＊3　この塵のチューブをダストトレイルという。

流星群が見られるしくみ

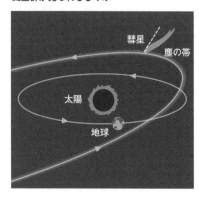

星群に属す流星を群流星と呼び、流星群の元となる塵を放出した彗星（まれに小惑星）を、その流星群の母天体といいます。

　塵は彗星が太陽に近づく前後でとくに活発に放出されますから、初めのうちは、ダストトレイルは彗星の周囲につくられます。時間が経つと、ダストトレイルは徐々に伸びていきます。すると、地球軌道と彗星軌道が交差するところでは毎年、決まった時期に流星群が見られるようになります。ただ非常に長い年月が経つと、太陽光の圧力などを受け、塵は惑星間空間に広がってしまいます。そうした塵はもはや群流星にはなりえません*4。

　流星群のうち、ダストトレイルが軌道上の一部に集中し数年～数十年おきにしか流星が出現しない群を**周期群**（しし座流星群など）、ダストトレイルが軌道上にまんべんなく広がり毎年見られるようになった群を**定常群**（ふたご座流星群など）といいます。また周期性がなく、ある年に突然多数の流星が見られる群もあり、突発群（ほうおう座流星群など）といいます。

*4　流星群に属さない流星を散在流星という。

◎流星群を観察しよう

　短時間にそれなりの数の流星を見たい場合は、流星群を観察するといいでしょう。おすすめは毎年それなりの数の流星が流れる**三大流星群**（しぶんぎ座流星群・ペルセウス座流星群・ふたご座流星群）です。とはいえ、流星群には見やすい年と見にくい年があります。流星がもっとも多く流れる極大日に月が空に昇っているか否か、極大日の中でもとくに流星が多く流れる極大時刻が夜にあたっているかどうか、といったことが見やすさを決める要素です。流星は暗いものほど数が多いので、月明かりがあると見られる流星の数が減ってしまいますし、極大時刻が昼にあたってしまうと夜になった時点ではすでに流星の数が減ってしまっています[5]。

　流星群の名前は星座の名前を冠していますが、流星が必ずしもその星座の領域内に流れるというわけではありません。流星をつくる塵は平行に地球に落ちてきますが、これを地上から見ると遠近法の原理で放射状に流星が流れるように見えます。流星が飛び出してくるように見える 1 点を放射点といい、流星群には放射点がある星座の名前が付けられます。なお、三大流星群の 1 つにしぶんぎ座流星群がありますが、しぶんぎ座は今日では使われていない星座です。

　流星が、いつどこに流れるかを予測することは不可能です。そのため流星を観察するときは視界が開けた場所で広く夜空を見渡すといいでしょう。立ちっぱなしで空を見上げるよりも寝転がって見たほうがいいかもしれません。

　多くの流星群は明け方のほうが流れる流星の数が増えます。これは自転によって夜から昼へと変わる境界線が地球の公転の進行方向にあたるからです。

　＊5　その年々でどの流星群が見やすいかは、天文雑誌などを参考に調べるとよい。

11 七夕はなぜ「たなばた」っていうの？

人間は、古くから星を見ることを楽しみ、また星を敬い、星に
祈りを捧げてきました。日本に昔から伝わる、天文にまつわる
年中行事や宗教行事の一端を覗いてみましょう。

◎七夕

結婚後、仕事を忘れ遊び惚けた罰として天の川の両岸に引き離
された織女と牽牛が、年に一度、7月7日の夜に限って再開を許
され、鵲に乗って天の川を渡り逢瀬を楽しむようになったという
物語が七夕です。織女はこと座の**ベガ**、牽牛はわし座の**アルタイ
ル**のことで、七夕はれっきとした星のお祭りです。

七夕の起源は、日本の神事であった「棚機」と、中国から伝
わった「乞巧奠」、そして織女と牽牛の伝説が結び付いたものだ
と考えられています。棚機は日本の古い禊ぎ行事の1つで、選ば
れた乙女（棚機津女）が着物を織って棚に供え、神を迎えて秋の
豊作を祈ったり人々の穢れを祓ったりするものでした。仏教が伝
わるとお盆を迎える行事として7月7日の夜におこなわれるよう
になったといわれています。七夕を「たなばた」と読むのは、こ
の棚機に由来するといわれています。

乞巧奠は、裁縫仕事を司るとされた織女星にあやかり機織りや
裁縫が上達するように祈る風習から生まれた中国の行事です。織
女と牽牛の伝説は中国の後漢以降の文献に見られます[1]。乞巧奠
は奈良時代に中国（唐）から伝わり、平安時代には宮中や貴族の邸
宅でおこなわれるようになりました。七夕まつりが庶民にまで広

---

[1] 現在とほぼ同じ七夕伝説の物語が確認できるのは梁の殷芸が著した『小説』。

まったのは江戸時代に入ってからのことで、野菜や果物を供え、短冊に願いごとを書いて笹竹に吊るし、星に祈るお祭りへと変わっていったのです。なお、七夕はもともと太陰太陽暦における7月7日におこなわれていました。現在の暦では、7月7日は梅雨の真っ最中にあたり星祭りにそぐわないのですが、太陰太陽暦であれば1カ月程度遅くなりますから問題ありません。むしろ日照りが続いてしまう時期にあたり、そのため農村域では七夕に雨乞いとしての性格が付されることも多かったようです。太陰太陽暦にもとづく七夕を伝統的七夕ともいい、国立天文台では伝統的七夕の日を、二十四節気の処暑を含む日かそれよりも前で、処暑にもっとも近い朔（新月）の瞬間を含む日から数えて7日目と定義しています[2]。

◎お月見と月待ち

　夜空でもっとも目立つ天体である月は、昔から日本人に愛されてきました。月を詠んだ和歌や俳句は数多く、有名な『小倉百人一首』には十二首が選ばれています。そのため、月を眺め楽しむ、月の出を待つといった風習が昔からおこなわれてきました。

　月見の行事としてもっとも有名なのが**中秋の名月**でしょう。中秋とは秋（7月・8月・9月）の中日を指す言葉で太陰太陽暦における8月15日にあたります。そのため中秋の名月は**十五夜**とも呼ばれます。太陰太陽暦は月の満ち欠けを元にした暦ですから、十五夜には満月前後のほぼ丸い月が見られることになります。この日に月を愛でる風習は、平安時代前期に中国から渡ってきました。ただ当時は貴族たちの催しで、月見が庶民にまで広まったのは江戸時代に入ってからといわれています。月見のお供え物は月見団子やススキが定番ですが、サトイモなどその時期の収穫物を

＊2　伝統的七夕の日の夜空には必ず半月に近い月が輝き、これを織女や牽牛が天の川を渡るために乗る舟に見立てる言い伝えもある。

供えることもあります*³。月見団子の形やお供え物の種類には地域色もあります。地域によっては子どもが十五夜に近所の家々をまわり供えてある団子を盗んで回る（大人はそれを黙認する）団子盗りという風習もありました。

　日本には、十五夜のほか、旧暦9月13日の月を愛でる独自の風習があり、これを後の月や十三夜といいます*⁴。なお、十五夜と十三夜のお月見のどちらか一方だけをおこなうことを片見月や片月見といって忌み嫌う地域もあります*⁵。

　さて、新月から満月のあいだの月は夕方の空にその姿がありますが、満月以降の月は月の出の時刻が遅くなっていき、下弦の半月頃は深夜になります。そこで、人々が集い念仏を唱えたり飲食をしたりしながら月の出を待つ月待ちと呼ばれる行事があります。代表的なのは二十三夜待ちですが、十九夜や二十二夜、二十六夜なども知られています。月待ちは、明治時代以降急速に廃れていき、現在ではほとんどおこなわれていません。

　月に親しむ、月を愛でる行事がある一方で、月を忌み嫌う考え方もありました。例えば平安時代に書かれた『竹取物語』には、「春の初めより、かぐや姫、月の面白い出でたるを見て、常よりももの思ひたるさまなり。ある人の"月の顔を見るは、忌むこと"と制しけれども、ともすれば、人間にも月を見ては、いみじく泣きたまふ。」とありますし、そのおよそ100年後に書かれた紫式部の『源氏物語』にも「今は、入らせたまひね。月見るは忌みはべるものを。」とあります。このような考え方は、時代が下るにつれてなくなっていったようです*⁶。今では、花鳥風月や雪月花などの言葉に月が入っているように、美しいものの代表として扱われることがほとんどですね。

＊3　このため中秋の名月を芋名月ともいう。
＊4　十五夜の月見が日本に伝わった直後に始まったといわれている。
＊5　これは元々、江戸の遊郭で十五夜に来た客を再び来させるために始まった風習だといわれている。

◎星を祀る

　太陽や月、そして明るく目立つ惑星は古くから神として敬われ、世界各地の神話にも主要な神として登場します。加えて目立つ恒星や星ならびも、しばしば神格化され祀られてきました。例えば、密教においては、生年の干支によって人が生まれ持つ星が北斗七星をつくる星の 1 つに定められ、その人の運命を司るとされます。また 1 年ごとに巡ってくる運命を左右する星を当年星といい、九曜が割り当てられます*7。これらの星々を供養し個人の災いを取り除こうとする儀式が星祭り（または星供養）です。

　中国では、天の北極を天帝の座所とし神聖視してきました。道教では、天帝は創造神であり、かつ最高神とされます。また、天の北極を巡り季節や時刻を知る目安となった北斗七星も重要視され、人の寿命を司る神とされてきました。仏教においても、道教思想の影響を受けて天の北極付近の星々（北辰）を尊び、妙見菩薩として信仰してきました。　人々は永遠に変わらないように見える天と規則正しく動いていく星々に、日々の安寧を願っていたのかもしれません。

北斗七星と本命星

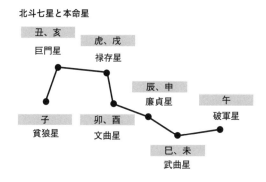

丑、亥　巨門星
虎、戌　禄存星
辰、申　廉貞星
午　破軍星
子　貪狼星
卯、酉　文曲星
巳、未　武曲星

＊6　月を詠んだ歌も時代が下るにつれて増え、平安時代中期の『古今和歌集』には全体の 3 ％弱しか月を詠んだ歌はないが、鎌倉時代前期の『新古今和歌集』には全体の 15 ％もの歌に月が詠まれている。

＊7　九曜は日月五惑星に架空の天体である計都星と羅睺星を加えたもの。例えば数え 20 歳は土星、数え 21 歳は水星。

12 天体観測は国を治めるために必須だった？

ただ星を眺め楽しむだけでなく、定量的な記録を残すのが天体観測です。今では宇宙の姿や成り立ちを解き明かすことを目的としていますが、そもそもの始まりは政治的な理由からでした。

◎天体の動きで時を知る

人類が農耕をはじめるようになると、安定した農業生産のために季節の変化や1年の日数を正確に知ることが不可欠となりました。そのために利用されたのが天体の動きです。例えば古代エジプトでは、日の出直前におおいぬ座のシリウスが昇ってくることを観測することで、ナイル川が氾濫を起こす時期（＝雨季）を知ろうとしていました。

時や季節の変化を知るためにもっともよく利用されたのが太陽です。そもそも日本語の「暦」という言葉は、太陽の位置や動きを読む「日読み」が転じたものだといわれています。影の長さを測ることで、時刻を知るだけでなく「1年」という周期を計ることもできます。こうして太陽の動きを元につくられた暦を**太陽暦**といいます。1年の長さは365.2522……日なのでキリがよくありません。1年を365日とすると、4年に1日ずつ季節がずれていってしまいます。そのため、基本的には1年を365日とし、4年に一度**うるう年**（1年が366日の年）を挿入することで日付と季節のずれをおさえる暦が古代ローマにおいて考案されました。これを**ユリウス暦**といいます[1]。しかし、ユリウス暦でも、1000年も経つと1週間以上のずれが生じてしまいます。そこで採用された

---

[1] 古代ローマの政治家ユリウス・カエサルによって導入されたため彼の名で呼ばれるようになった。

のが**グレゴリオ暦**[*2]です。グレゴリオ暦は、西暦が4の倍数のときにはうるう年を入れるが100の倍数のときには入れず、さらに400の倍数のときは入れる、としました。これであれば、3000年が経っても日付と季節のあいだのずれは1日未満となります。現在、世界的にもっとも広く使用されています[*3]。

　太陽とともに暦づくりに利用されてきた天体が月です。月は形や見える時刻、方向が毎日変わるため、日々の違いがわかりやすく重宝されました。月の満ち欠けの周期が約29.5日であることから1カ月を29日か30日とすると12ヵ月で354日となり、太陽の動きから求めた1年=約365日に比べると11日だけ不足します。これをうるう月を挿入することで解消したのが**太陰太陽暦**です。世界各地で古くから使われていたのは多くが太陰太陽暦で、日本もかつてはこれを使っていました。一方、月の満ち欠けのみを考慮する暦が**太陰暦**で、イスラム諸国で使われているヒジュラ暦があげられます（現在では多くのイスラム諸国でヒジュラ暦とグレゴリオ暦が併用されています）。

◎天変は為政者へのメッセージ

　天体の動きや天文現象は、そのメカニズムがわかっていなかった古代においては、個人の運勢や国の行く末に結び付けられて考えられていました。為政者が国を統治するためには、天体観測が不可欠だったのです。

　中国の思想を輸入した古代日本では、天帝思想と呼ばれる考え方が為政者たちによって信じられていました。天帝思想とは、人間界を含めた地上のすべては「天」が支配していて、皇帝（天皇）は天の支配者である天帝から人間界の支配を命じられた人物（天

[*2]　ローマ教皇グレゴリオ13世によって導入されたため彼の名で呼ばれるようになった。

[*3]　日本では明治5年（1872年）にグレゴリオ暦が導入された。

子）である、とする考え方です。そして、天は皇帝の政治がよい
か悪いか、天災が発生するかどうかなどを、天文現象という形で、
皇帝に対しメッセージを送るというのです。つまり皇帝は、日夜、
天を観察し、そこに異変が見られればそこから天の意図を読み取
り政治に反映させる必要がありました。日本の律令制度下では、
中務省の陰陽寮という役所に属する天文博士が天文観測をおこな
い、異変があれば天皇に密奏することとされていました。天文現
象の多くは凶兆とされ、なかには改元がおこなわれたこともあり
ます。例えば永延から永祚への改元（989 年）や天養から久安への
改元（1145 年）は、いずれもハレー彗星が出現したことによるも
のです。

　天体観測の結果をもとに暦をつくり、民に授けることも為政者
にとっては重大事でした。皇帝（天皇）は天の動きを詳細に観察し
て「民に時を授ける*⁴」ことで、みずからが天帝からのメッセー
ジを把握している正当な支配者であると宣言できたのです。とは
いえ、日本では中国から輸入した暦をそのまま使うだけだったの
ですが*⁵。

◎**道しるべとしての星**

　星は人々の行く先を示す存在でもありました。例えば、天の北
極のすぐ近くに輝く北極星が北の方角の目印となることは皆さん
もよくご存知ではないでしょうか。「砂漠の民」といわれるベド
ウィン*⁶たちは北極星（彼らはアル・ゲディと呼んでいました）に注
意しろ、と言葉を残しています*⁷。

　日本にも、桑名屋徳蔵という名船頭が北極星を目印に船を進め
ていたこと、徳蔵のおかみさんが実は北極星が動いている（常に

*4　これを観象授時（かんしょうじゅじ）という。
*5　新しい暦の輸入も平安時代中期には途絶えた。日本人が初めて独自の暦をつくった
　　のは江戸時代になってからのこと。
*6　主にアラブ地方に暮らす遊牧民族。

真北にあるわけではない）ことを発見し、徳蔵に忠告したことなどが瀬戸内海沿岸の地域を中心に残されています。南半球では南十字星を使って天の南極＝南の方角を見つけることができます（ただし北極星のような明るい目印となる星はありません）。またオリオン座の三ツ星のもっとも西の星（ミンタカ）は、ほぼ真東から昇り真西に沈むため、これまた方角の目印になるでしょう。

　旅をするうえで、自分の現在位置を知ることはとても重要です。ところが陸地はともかく、船で広い海上に出てしまうと目標とできるものが何もなくなってしまいます。そこで大洋を航海する船上では、太陽や月、恒星を利用して自分たちの位置（緯度や経度）を知ることになります。その手法を**天文航法**といいます。

アステリズムから方角を知る

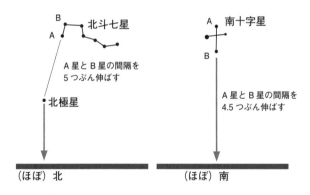

*7　「北へ進むには、アル・ゲディを馬の行く手に見よ。北北東へ進むには、アル・ゲディを汝の左の額に見よ。…」

天体を観測することで緯度経度を知る方法は、地図づくりにも活用されました。例えば伊能忠敬が全国の測量を行った際は、晴れていれば毎晩のように天体観測をおこない、その地の緯度を測定しています*8。

　また忠敬が日本全国の測量を行ったのは、そもそも地球の大きさを知りたい、そのために緯度1度の弧線長を測りたい、という思惑があったからです*9。実際、今から200年ほど前のフランスでは、パリを通過する子午線の北極点から赤道までの距離を1000万分の1にした長さを1mとすると定義されていました。

*8 『伊能図』には天体観測を行った場所に赤い☆マークが記入されている。その数は1127地点にもなる。

*9 伊能忠敬の師は寛政の改暦を主導した高橋至時だが、地球の大きさは正確な暦をつくる上でも必要不可欠である。

第2章

もっとも身近な天体
〜太陽と月の世界〜

1 太陽はどのくらい大きいの?

地球にもっとも近い恒星・太陽。その素顔は意外と知られていないのではないでしょうか。まずは大きさや質量、地球からの距離といった基本的な性質から見ていきましょう。

◎太陽系の盟主

太陽系の中心に鎮座する**太陽**は、その強大な重力で惑星その他の天体をつなぎとめています。太陽系内の天体は、一部の例外を除いてすべて太陽の重力に引っ張られ、太陽のまわりを公転しているのです。その重力を生み出す元になっている太陽の質量は、地球の**約 33 万 3000 倍**の 1.9891×10^{30} kg、つまり 200 穣 kg にもなるのです[1]。太陽系の全質量のうち、**99.86 %** を太陽が占めています。

太陽は地球にもっとも近い恒星ですから、太陽観察グラスなどを用いた安全な方法で観察すると、肉眼でも大きさを持って見えることがわかります。その見かけの大きさ（視直径）は 30 分角です（天体の視直径はその天体を見込む角度で表わします）[2]。太陽の実際の大きさ（直径）は約 140 万 km で地球の**約 109 倍**という巨大さです。体積にすると地球の 130 万 4000 倍にもなります。なお、太陽系最大の惑星・木星の直径は地球の約 11 倍ですから、ざっくりと**木星は地球の 10 倍、太陽は木星の 10 倍**（地球の 100 倍）と、10 倍 10 倍の関係にあると覚えておくと便利です。

* 1　穣は兆の次の次の次の次の単位。兆、京（けい）、垓（がい）、予（じょ）、穣と続く。
* 2　1 分角は 60 分の 1 度。つまり 30 分角は 0.5 度である。

太陽・木星・地球の大きさ比較

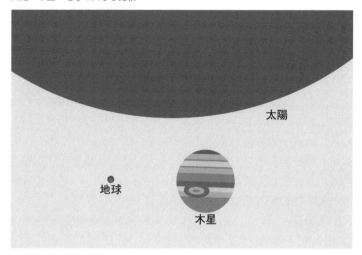

◎距離の基準「1 天文単位」

　では、地球と太陽のあいだはどのくらい離れているのでしょうか。答えは約 1 億 4960 万 km ですが、地球が太陽のまわりを回る軌道はわずかにつぶれた楕円形であるため、この数字はあくまで平均距離になります。太陽と地球がもっとも近づいたときの距離（近日点距離）は約 1 億 4710 万 km、太陽と地球がもっとも遠ざかったときの距離（遠日点距離）は約 1 億 5210 万 km です。なお、地球が近日点を通過するのは 1 月上旬（1 月 4 日前後）、遠日点を通過するのは 7 月上旬（7 月 4 日前後）です。したがって、夏が暑いのは地球が太陽に近づくからだというのはまったくの誤解です（そもそも北半球が夏のとき南半球は冬です）。なお、宇宙でもっとも速

い光の速さは秒速約30万kmですから、**太陽から地球まで光の速さで約500秒＝約8.3分かかる**ことになります。つまり私たちが浴びている太陽の光は8分前に太陽の表面を出発したものなのです。

　地球と太陽のあいだの距離は、宇宙における距離測定の基本になります。太陽系の天体であれば「公転周期の2乗は太陽からの平均距離の3乗に比例する」というケプラーの第3法則を用いることで地球−太陽間の距離を基準に表すことができますし、太陽系近傍の恒星までの距離も地球−太陽間の距離を元に年周視差という値を用いて計算することができるのです。そこで、**地球−太陽間の平均距離を1とする単位**がつくられました。これを**天文単位**といいます[*3]。現在では、1天文単位は1億4959万7870.7kmと厳密に定義されていますが計算をするときは、ざっくり**1 au ＝ 1.5億km**とすればいいでしょう。

I 天文単位という距離

◎平凡な星　〜太陽〜

　地球に比べるととてつもなく大きく、太陽系では圧倒的な存在感を誇る太陽ですが、天の川銀河（銀河系）内においては、平均

＊3　天文単位の記号は au。これは astronomical unit の略。

的な恒星の 1 つです。

　質量であれば、理論的にもっとも小さい恒星は質量が太陽の 0.08 倍だといわれています。これより小さいと中心部でみずからエネルギーを生み出すことができないのです。

　2020 年 4 月 1 日現在、発見されているもっとも質量が小さい恒星は EBLM J0555-57 Ab で、質量は太陽の 0.081 倍しかありません。直径は太陽の 0.084 倍（木星の 0.84 倍）と惑星である木星よりも小さいのです。理論的に恒星がどこまで大きな質量を持てるのかはよくわかっていませんが、現在発見されている最大の質量を持つ恒星は R136 a1 で、質量は太陽の 315 倍と見積もられています（半径は太陽の約 35 倍）。

　半径であれば、先に述べたように木星より小さい恒星が存在する一方で、年老いて大きく膨らんで直径が太陽の 1000 倍を超える恒星もすでに十数個が発見されています。現時点でもっとも半径が大きいと考えられている恒星は、はくちょう座 V1489 星です。半径が太陽の約 1650 倍もあり、直径は約 23 億 km にもなります。木星が太陽のまわりを回る軌道の半径がざっくり 8 億 kmですから、もしこの恒星が太陽の代わりに太陽系の中心に位置したとしたら、恒星の表面が木星軌道と土星軌道のあいだに達するほどです。

　なお、天の川銀河に存在する恒星の数でいえば、質量が大きい恒星ほど少なく、質量が小さい恒星ほど多くなります。質量が太陽の半分以下の恒星だけで、天の川銀河全体の恒星の 4 分の 3 以上を占めます。そういった点でも、太陽は天の川銀河において平均的な恒星といえるでしょう。

2 太陽はどのくらい熱いの？

近年の夏の暑さはなかなか耐え難いものですが、とはいえその原因（？）である太陽は1億5000万km彼方にあります。では、そもそも太陽はどれだけ熱い星なのでしょうか。

◎太陽の内部構造

一口に太陽の温度といっても、それは場所によって変わります。地球のような惑星もそうですが、内部ほど密度が高くなって温度が上がっていくからです。まずは太陽の中心部から表面まで、つまり太陽の内側の温度をその構造とともに見ていきましょう。

太陽の内部は、中心核、放射層、対流層、光球に大別される層状構造になっています。中心核は半径10万kmほどで、密度が156 g/cm³と非常に高いぎゅうぎゅう詰めの状態です。温度は1500万K[1]に達します。太陽を輝かせているエネルギーはこの中心核で生み出されています。

中心核の外側には、そこで生み出されたエネルギーを放射によって外側へと運ぶ、厚さ約40万kmの放射層があります。放射層も密度が高いため、中心核からやってきたエネルギーが放射層を抜け出すまで十数万年かかるといわれています。

放射層の外側が対流層です。ここではベナール・セルと呼ばれる対流によってエネルギーが太陽表面へと運ばれます[2]。対流層の厚みは20万kmほどです。

対流層の外側にある、宇宙に光を放出するごくごく薄い層が光球です。太陽には明確な表面がありませんが、この光球を境に密

＊1　K（ケルビン）は温度の単位で0Kは -273.15℃。

＊2　熱い味噌汁を見ると、お椀の底から熱い味噌が上がり、表面で冷やされてまた下に潜っていく様子がわかるが、これがベナール・セルである。

度が急激に上がり、光球より下の層は私たちには見えないため、ここが見かけ上の太陽の縁となります。厚みはわずか数百 km ほど、温度は**約 4500 ～ 6000 K** で、この温度を太陽の表面温度とします。

太陽のつくり

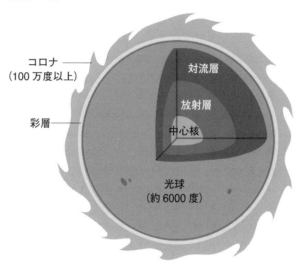

コロナ
（100 万度以上）

彩層

対流層

放射層

中心核

光球
（約 6000 度）

◎**太陽の表面**

　安全な方法を用いて望遠鏡で太陽を観察すると、黒っぽいシミのような模様が見られることがあります。これを**黒点**といいます。磁場の影響で対流が妨げられ、内部から熱いガスが上昇して来られないために温度がまわりより低く（約 4000 K）黒く見えている

領域です。ただ黒点は、温度が低いために相対的に暗く見えているだけで、黒点だけを取り出せば明るく輝いて見えます。

　よく見るととくに暗い部分と、それを取り囲むやや明るい部分があることがわかります。前者を暗部、後者を半暗部といいます。黒点は太陽表面に浮き出た磁力線の断面に相当します。そのため黒点にはN極とS極があり、多くがペアで現れます。黒点の大きさはまちまちですが、地球の直径よりも大きな黒点も珍しくありません。古代中国には、太陽にカラスが住んでいるという伝説がありますが、これは肉眼で見えたほど巨大な黒点のことを指しているのではないかといわれています。

　一方、太陽表面に明るく白く輝くもやもやとした模様が見えることがあります。これを白斑（はくはん）といい、黒点とは逆にまわりよりも温度が高い領域です。

　さらに太陽の表面を細かく観察すると、太陽面全体がざらざらとした細かな粒状の模様で覆われていることがわかります。これを粒状斑（りゅうじょうはん）といい、先に述べたベナール・セルが見えているものです。粒状斑1つ1つの大きさは1000 kmほどです。

◎太陽の大気

　光球の上空には、厚さ約2000 kmの密度が低い層があります。これを彩層（さいそう）といい、太陽の大気に相当します。温度は、最下部では光球よりやや低い程度ですが、高さとともに上がり、コロナとの境界付近では約1万Kにまで達します。彩層中には、プラージュやスピキュールといった磁場が原因で生じる現象が見られます。前者は主に黒点の近くに見られる明るい領域、後者は光球から彩層に向かう針状のプラズマの流れです。また彩層をつくるプ

ラズマが磁力線に沿ってコロナ中に浮かび上がる現象を**プロミネ**
ンスといい、巨大なものは太陽の半径に相当する高さにまで上昇
することがあります。プロミネンスは、光球を背景にすると暗い
線状の模様に見えるため、その場合はダークフィラメントと呼ば
れます。彩層は水素が放つ赤い光（Hα線）だけを通すフィルター
を使うと見ることができます。

　彩層のさらに外側に広がっているのが**コロナ**です。コロナの温
度は 100 万度以上もあり、光球よりも上にあって宇宙空間に近い
コロナがこのような高温にまで加熱されるメカニズムは、未だ詳
しく明らかにされていません。これをコロナ加熱問題といいます。
最新の研究成果によると、太陽コロナ中で発生する微小な爆発現
象によって加熱されるという「ナノフレア説」と、太陽の磁力線
に沿って伝わるアルヴェン波という波が太陽表面のエネルギーを
上空に伝えコロナを加熱しているという「波動加熱説」の 2 つが
有力視されています。

　なお、コロナとはラテン語で冠を意味する言葉です。2020 年 1
月頃から世界的に大流行した新型コロナウイルス感染症（COVID
-19）の原因となる 2019 新型コロナウイルス（2019-nCoV）をは
じめとするコロナウイルスも、その外観が樹冠を思わせることか
ら名付けられました。

3 太陽は何でできているの?

地球は主に岩石でできた惑星です。では、恒星である太陽は何からできているのでしょうか。物質の成り立ちから、太陽の「材料」に迫ってみましょう。

◎物質をつくるもの

まずは物質がどのようなつくりをしているのか、そしてどのような状態になりうるのかを確認していきましょう。

物質はすべて**原子**というとても小さな「粒」でできています（水〈H_2O〉のように複数の原子が結合した分子からできている場合もあります）。原子はさらに**原子核**と**電子**に分けられ、原子核は**陽子**と**中性子**からなります（一番単純な水素原子は陽子のみ）。陽子と中性子はさらに細かく分けることができますが、本書ではここまでにしておきましょう（電子はこれ以上細かくはできません）[1]。原子の性質は陽子の数＝電子の数で決まり、同じ元素の原子でも中性子の数が異なるものがあって、それらどうしを**同位体**といいます[2]。

水分子を細かく見ていくと…

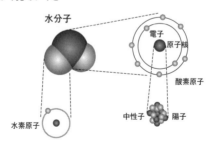

水分子

電子

原子核

酸素原子

中性子　陽子

水素原子

---

* 1　それ以上分けられない「粒」を素粒子という。

* 2　水素の場合、中性子の数が０個、１個（重水素）、２個（三重水素）と３つの同位体がある。いづれも電子の数は１個。

　そして物質は、温度に応じて様々な状態を取ります。温度が低い場合は原子または分子どうしが電気的な力でがっちりと結合した**固体**になります。温度が上がると原子や分子の運動速度が大きくなり[*3]、固体ほどがっちりではない、でも粒子どうしが緩やかに結合した**液体**になります。より温度が上がると、原子や分子の運動速度がさらに大きくなって、粒子どうしの結合が外れて自由に飛び回るようになります。この状態が**気体**です。水の場合、1気圧下であれば0℃で固体から液体になり、100℃で液体から気体となります。では、気体は温度が上がり続けても気体のままなのでしょうか。そうではなく、やがて原子核と電子がバラバラに飛び回るプラズマという状態になります[*4]。身近なところでは火（炎）や雷の稲妻がプラズマですね。宇宙はそのほとんどがプラズマといっても過言ではありません。

◎太陽は巨大な水素ガスのかたまり

　太陽はそのほとんどが**水素とヘリウム**でできています。水素とヘリウムだけで太陽全体の98％以上（質量比）を占め、水素が約73％、ヘリウムが約25％です。もちろんこれらは太陽内部に均一に存在しているわけではなく、中心部は水素よりもヘリウムのほうが多く、0.1太陽半径あたりでその量比が逆転します。水素とヘリウムについで多いのが酸素（0.77％）で、さらに炭素（0.29％）、鉄（0.16％）、ネオン（0.12％）と続きます。ほかにも天然に存在する元素のほとんどが太陽には含まれています。大雑把には、元素番号が大きくなるほど存在比が減り、隣り合う元素どうしであれば原子番号が偶数の元素のほうが多く存在します。ただしリチウム、ベリリウム、ホウ素は非常に存在量が少ないです。太陽は

[*3]　そもそも温度とは物質をつくる原子や分子の平均的な運動速度の大小を表す。
[*4]　原子が原子核と電子に分かれることを電離するという。電離していない原子を中性原子と呼ぶこともある。

平均的な恒星なので、**太陽の組成は宇宙全体の平均的な組成**とみなすことができます。

太陽の元素組成

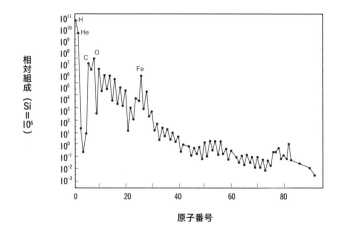

太陽をはじめとする恒星は、しばしばガスのかたまりといわれますが、高温のためにそのほとんどは気体ではなくプラズマとなっています。光球は太陽内部や大気（彩層・コロナ）に比べ温度が低いため水素は主に原子状態で存在しています。

　ちなみに、私たちが暮らす地球は岩石でできている惑星なので、その組成は太陽とは大きく異なります。地球全体では、質量比で**鉄**がもっとも多く（約35％）、酸素（約30％）、ケイ素（約15％）、マグネシウム（約13％）と続きます[5]。ガス惑星である木星の組成は太陽とほぼ同じで、質量比で水素が約71％、ヘリウムが約24％です。

＊5　地殻に限ると、酸素、ケイ素、アルミニウム、鉄の順となる。

◎太陽も自転する

太陽をはじめとする恒星も地球と同じように自転をしていますが、ガス（プラズマ）体である恒星は緯度によって自転周期が異なります。太陽の場合、赤道付近は約27日6時間強ですが、緯度60度付近は30日　19時間になります。このように緯度によって自転周期が異なることを**差動回転**（微分回転）といいます。そのため、太陽内部に存在する磁力線は時間とともにねじれていき、変形した磁力線は磁場のループをつくって太陽表面から外へ飛び出すことがあります。このことが黒点やプロミネンスを生み出す原因となっています。

太陽は赤道付近と極付近とで1割ほどしか自転速度に違いがありませんが、このことが一般的なのかどうかはわかっていません。太陽以外の恒星は非常に遠くにあるため、そもそも緯度ごとの自転速度を測るのが困難なのです。2018年に、質量と年齢が太陽に似た13個の恒星の自転周期が初めて測定されました。その結果、これらの恒星は赤道付近が中緯度付近の2.5倍もの速さで回転していることがわかったのです。シミュレーションによると、これほどの差は生まれないはずで、理論の再構築が求められています。一方で、HD 31993など高緯度ほど自転速度が速くなる恒星も見つかっています。

恒星の中には太陽より速い自転速度を持っているものも多く、しし座の1等星レグルスは自転周期が約16時間、七夕の彦星（牽牛星）として知られるアルタイルは約9時間です。このような恒星は遠心力によって赤道方向に膨らんでいて、アルタイルの半径は極方向に比べて赤道方向が25％長いことが明らかになっています。

4 太陽はどうやって光っているの?

肉眼では直接見ることができないほどの輝きを放っている太陽。
そのエネルギー源は何なのでしょうか。日本の発電所総出力の
1400兆倍ものエネルギーを生み出す太陽のしくみに迫ります。

◎太陽では何かが燃えている?

太陽が私たちに光と熱を供給してくれていることは古代から知られていました。キルヒャー[1]の著作『地下世界』(1665年)には、太陽黒点のスケッチをもとにした太陽の想像図が描かれ、「太陽は火の海で、雲のような黒煙や火の井戸、火の蒸気を観測することができる。」と書かれています。この本は日本にも伝わったとみられ、司馬江漢[2]の銅版画『太陽真形図』などは、『地下世界』に掲載された図に非常によく似ています。太陽では何かが燃えている、という認識は、広く共有されたものだったのでしょう。

しかし、何が燃えているのか、ということになると、20世紀に入ってもまったく見当がついていませんでした。もし仮に太陽がすべて石炭でできていて、それが燃え続けているのだとしても、太陽は数千年で燃え尽きてしまう計算になります。太陽の主成分は水素ですが、**仮に水素を燃やしたとしても約2万年しか太陽は輝き続けることができません**。そもそも、モノが燃えるには酸素が必要です[3]。しかし、宇宙空間にはもちろんのこと、太陽にも燃焼に必要な大量の酸素は存在しません。つまり**太陽は「燃えていない」**のです。太陽に物質が落ち込むときに生じる重力エネルギーが太陽のエネルギー源だと考えられたこともありますが、

---

*1　アタナシウス・キルヒャー (1601-1680),ドイツの科学者、司祭。
*2　司馬江漢 (1747-1818),日本の蘭学者、浮世絵師。
*3　物質が光や熱を出しながら激しく酸素を結び付くことを燃焼という。

それでも太陽の寿命は数千万年です。現在の太陽の年齢は約46億歳ですから遠く及びません。

◎太陽は天然の核融合炉

太陽のエネルギー源が**水素の核融合反応**であるとわかったのは20世紀に入ってしばらく経ってからのことです。水素の原子核4つ分よりヘリウムの原子核のほうが質量がわずかに小さいこと、質量とエネルギーが等価であり質量の欠損がエネルギーの発生を意味することなどが明らかにされ、**水素の原子核4つが核融合を起こしヘリウムの原子核に変わることで太陽を輝かせるエネルギーを生み出している**という説が唱えられたのです。核融合によって生み出されるエネルギー量は膨大で、たった1kgの水素を核融合させただけで、100万トンの水を沸騰させるだけのエネルギーが得られます。太陽には莫大な質量の水素がありますから、これらがすべてヘリウムに変わったとすると太陽は1000億年も輝き続けられることになるのです。実際には核融合には1000万Kという高温が必要なため反応は中心核でしか起こらず、太陽に存在する水素すべてがエネルギーの生成に寄与するわけではありませんが、それでも**100億年は輝ける**計算になります。

では、太陽の中心核では実際にどのように水素の核融合反応が起きているのでしょうか。水素の原子核4つがいきなり1つにくっついてヘリウムの原子核になるわけではありません。恒星内部で起こる水素の核融合には2つの反応があります。

1つは陽子－陽子連鎖反応（ppチェイン）と呼ばれる反応で、太陽は主にこの反応でエネルギーを生み出しています。陽子－陽子連鎖反応にはいくつか反応経路がありますが、主な反応は、①水

素の原子核2つが融合し、陽電子とνニュートリノを放出して重水素の原子核（陽子＋中性子）がつくられる（陽電子はすぐさま電子と衝突しガンマ線を出してどちらも消滅する）、②重水素の原子核が別の水素原子核と融合し、ヘリウム3の原子核（陽子2つ＋中性子）をつくる（このときガンマ線が放出される）、③ヘリウム3の原子核どうしが融合し、ヘリウムの原子核と水素の原子核2つを生み出す、というものです。

陽子－陽子反応の流れ

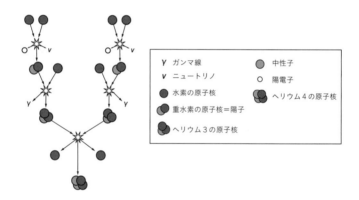

陽子－陽子連鎖反応のほかに炭素、窒素、酸素それぞれの原子核を触媒として水素原子核からヘリウム原子核を合成するCNOサイクル*4と呼ばれる反応もありますが、この反応は恒星の中心温度が約2000万Kを超えないと優勢にならないため、太陽ではほとんどエネルギーの発生に寄与していません。

＊4　CNOはそれぞれ炭素、窒素、酸素の元素記号。

◎太陽の未来

　太陽の中心核における核融合反応は永遠に続くわけではありません。反応が続くにつれて中心核にはヘリウムが溜まっていきます。中心核の水素が枯渇しても、その段階では中心核がヘリウムの核融合反応に必要な温度（約1億K）には達していないため、エネルギーを生み出せなくなった中心核はみずからの重力を支えきれずに収縮していきます（そもそも恒星はみずからが生み出したエネルギーによる放射圧とみずからの質量による重力とがつり合って形を維持しています）。その結果、中心核の密度が高まり熱が発生、中心核の周囲が高温になってそこを囲む球殻状の領域で水素の核融合反応が起きるようになります。中心核はなおも収縮を続け、一方で太陽の外層は膨張し表面温度が下がって赤い巨大な星、赤色巨星となります。収縮し続ける中心核は温度が上がり続け、やがてヘリウムの核融合反応が始まります（このとき外層の膨張は止まり再び安定した星になります）。

　ヘリウムの核融合反応では酸素と炭素がつくられ、やがて中心核には酸素と炭素が溜まり……、と同じことを繰り返していくように思えますが、太陽の質量では酸素と炭素が核融合を起こせるほど中心核が高温にはなりません。ヘリウムの核融合反応が止まった時点で再び外層の膨張が始まり、太陽の外層は宇宙空間へと放出されていきます。残されるのは酸素と炭素からなる中心核とその周囲に薄く残された水素とヘリウムの殻からなる余熱で輝きながら冷えていくだけの天体です[5]。こうして太陽は、遠い将来、静かに死を迎えるのです。

＊5　このような天体を白色矮星（はくしょくわいせい）という。

5 太陽は地球にどんな影響を与えているの？

地球上の生きものの多くは、太陽の光と熱をエネルギーに変えて生きています。とはいえ、太陽は私たちに恵みだけを与えてくれるわけではありません。

◎**太陽の贈り物**

太陽からは様々なものが地球に降り注いでいます。まずは光です。私たちの目に見えないものも含め、電波、赤外線、可視光線、紫外線、エックス線、ガンマ線と、ありとあらゆる光が太陽からやってきます。ただし電磁波の一部は地球の大気に遮られて地上までは届きません。

太陽からは、電気を帯びた非常に小さな粒の流れも吹き出していて、これを**太陽風**といいます。太陽風の主成分は陽子と電子で、コロナをつくるプラズマが宇宙空間へと流れ出しているものです。太陽風は、地球の磁場に阻まれて大気に直接降り注ぐことはありませんが、その一部は地球の夜側に回りこんで地球磁場の内部に侵入し、北極や南極周辺の上空で大気をつくる分子（窒素や酸素）と衝突します。その結果、窒素分子や酸素分子が一時的にエネルギーを得て、発光します。これが**オーロラ**です。つまりオーロラは、ある意味では太陽からの贈り物なのです。

太陽からは、**ニュートリノ**と呼ばれる素粒子も飛来します。ニュートリノは、太陽の中心核で起きている核融合反応でガンマ線とともにつくられます。太陽の内部は高密度なプラズマで満たされている状態ですから、ガンマ線は真っ直ぐに進むことができ

オーロラが発生するしくみ

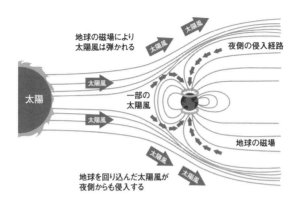

地球の磁場により
太陽風は弾かれる

太陽風

夜側の侵入経路

太陽風

太陽

太陽風

一部の
太陽風

地球の磁場

太陽風

地球を回り込んだ太陽風が
夜側からも侵入する

太陽風

ません。プラズマに遮られて表面に到達するまで 1000 万年もか
かります[1]。一方ニュートリノは、ほかの物質にほとんど作用す
ることなく、光速で太陽表面に到達することができます。つまり、
太陽ニュートリノを観測することができれば、太陽の内部で「現
在」何が起きているのかを確かめることができるのです。

◎宇宙天気予報

　太陽からやってくる電磁波や太陽風は、地球に悪影響を及ぼす
こともしばしばです。例えばガンマ線やエックス線、そして太陽
風は放射線の一種で、大気によって吸収されたり地球磁場によって
遮られたりして地上には届きませんが、大気圏外で活動する宇
宙飛行士は常に被曝の恐れがあります。紫外線も日焼けで肌が黒

---

[1]　この過程でガンマ線はエネルギーを失い、可視光線になってから宇宙空間へと放射
　　される。

くなる程度であればむしろ嬉しいと思う人もいるかもしれませんが、ひどくなると皮むけや発熱、水痘（すいとう）を引き起こし、皮膚がんを誘発することもあります。

　もっとも気をつけなければいけないのが**太陽フレア**です。太陽フレアは太陽表面における爆発現象で、発生すると大量のガンマ線やエックス線、太陽風、衝撃波などが放出されます。またコロナをつくるプラズマが太陽フレアにともなって大量に放出される**コロナ質量放出**（CME）と呼ばれる現象も発生します。その結果、短波通信障害を引き起こすデリンジャー現象や放射線量の増大、磁気嵐（地磁気の減少など）が引き起こされます。放射線量の増大は宇宙飛行士だけでなく高高度を飛ぶ航空機にまで影響を及ぼしますし、磁気嵐は人工衛星の故障のみならず地上の送電設備などにも障害を起こさせるのです。1989 年には太陽フレアにともない強い磁気嵐が発生、カナダのケベック州で長時間の停電が発生しました。観測史上最大の太陽フレアは 1859 年に発生したもので、これを観測したイギリスの天文学者の名をとってキャリントン*2・イベントとも呼ばれます。このときはハワイやカリブ海諸国でもオーロラが見られ、ヨーロッパや北米では電報システムが停止に追い込まれています。

　太陽フレアが発生してから高エネルギー粒子やプラズマが地球に到達するまで数十分から数日の猶予があります。そのため太陽を監視して太陽フレアや CME の発生をとらえ、それにともなう影響を予測し事前に情報提供がおこなわれています。これを**宇宙天気予報**といいます。日本では国立研究開発法人情報通信研究機構宇宙天気予報センターが日々、宇宙天気予報を発表しています。

＊2　リチャード・クリストファー・キャリントン（1826-1875）、イギリスの天文学者。

◎太陽が弱っている？

　太陽の活動は常に一定ではありません。とくに 11 年を周期とする活動の変化が確認されていて、これを**太陽活動周期**と呼んでいます。

　太陽活動周期は、太陽黒点の数の増減によって最初に発見されました。その後、太陽放射の変動やフレアの発生頻度などと結び付けられ、太陽放射が強くなりフレアや CME の発生頻度が増える極大期には黒点数が増加することが知られています。そのため太陽黒点の数は現在でも太陽活動の指標とされています。

　黒点の増減数のグラフを見てみると、同じ極大期でも黒点の発生数が大きく異なることがわかります。

太陽黒点の数の変化（1976 〜 2019）

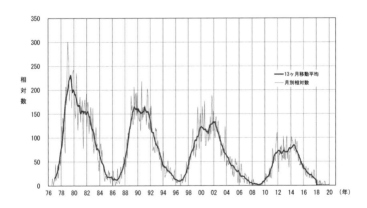

とくにここ数十年は極大期の黒点数が減少し続け、2008年12月に始まったとみられる第24周期は非常に太陽活動が低調でした。

　過去には長らく太陽活動が鈍ることもありました。1645年頃から1715年頃にかけては太陽黒点数が著しく減少し、30年間に数えられた黒点の数は50個ほどしかなかったのです（通常であれば数万個は数えられるはずです）。これを**マウンダー極小期**といいます。この頃、ヨーロッパや北米では寒冷な時期が続いたとされていますが、太陽活動の低下と地球の気温の変化については、まだ因果関係は明らかにされていません。実際、「小氷期」と呼ばれるヨーロッパを中心に寒冷化が進んだ時期は14世紀半ばから19世紀半ばまで続き、マウンダー極小期よりも幅があります。

　ですから、近年の黒点数の減少だけをとらえて近い将来に地球が寒冷化する、とは必ずしもいえないわけです。

6 なぜ月は満ち欠けをして見えるの?

月の魅力は、満ちては欠け、欠けては満ちるその繰り返しにあるといえるでしょう。では、月の満ち欠けはなぜ起きるのでしょうか。その原理と見え方との関係について考えてみましょう。

◎月の満ち欠けはなぜ起きる?

月の形は日によって様々ですが、いろいろな形の月がいくつもあるわけではありません。ただ 1 つの月の形が変わって見えているだけです。また形の変わり方には規則性があります。半月の翌日にいきなり満月になった、三日月の翌日に月がやや満ちたと思ったらさらにその翌日に再び三日月に戻った、ということはありえないのです。

月が満ちたり欠けたりして見えるのは、月が地球のまわりを回っているからです。月はみずから光ってはいません。太陽の光をはね返すことで光って見えています。つまり太陽に照らされている面は見え、太陽の光が当たっていない面は見えないということになります。そして太陽と地球と月の位置関係が変わることによって、私たちは様々な方向から月の太陽に照らされている面を見ることになります。そして月が地球のまわりを回るにつれて、新月から三日月、半月（上弦）、満月と月は満ちていき、満月を過ぎると今度は新月に向かって欠けていくのです。月の満ち欠けの周期（朔望月）は **29.5 日**です。ここから 1 カ月という時間を刻む単位が生まれました。

ところで、三日月のように月が細く見えるとき、本来であれば

月の満ち欠けのしくみ

上弦

太陽光

満月　地球　新月

太陽光

下弦

太陽光

新月　▶　上弦　▶　満月　▶　下弦　▶　新月

見えないはずの、月の太陽の光が当たっていない面がうすぼんやりと見えることがあります。これは地球に反射した太陽の光が月を照らすことで見えているもので、**地球照**と呼ばれます。表面の7割が海で、かつ白い雲に覆われた地球は太陽の光をよくはね返します。加えて地球は月の約4倍も大きいですから、地球は月からとても明るく見えるはずです。そんな地球に照らされることで見えているのが地球照なのです。

◎蕪村が詠んだ月

　江戸時代の俳人・与謝蕪村の有名な俳句の1つに「菜の花や月は東に　日は西に」があります。ここに詠まれた月はどんな形か、わかるでしょうか。実はこの十七文字だけで、そこに登場する月の形がほぼ断定できるのです。

　先に、月の形は太陽と地球と月の位置関係で決まると述べまし

た。例えば満月の場合、太陽－地球－月がこの順で一直線に並んでいるわけですから、月は地球から見て太陽の反対側に位置しているはずです。ということは、満月は太陽が沈むと同時に昇ってきて、反対に太陽が昇ってくると同時に沈んでいくことになります。このように、月の形から、その月がいつ頃昇ってきて、またいつ頃沈んでいくのかがわかるわけです。三日月であれば夕方の西の空に見え、太陽を追いかけるように日没後すぐに沈んでしまいます。上弦の半月であれば日没時に南の空高くに見え、真夜中に沈んでいきます。昼の南の空に満月が見えたり、真夜中の東の空に三日月が見えたりすることは決してありません。

　では再び蕪村の俳句に戻りましょう。「日は西に」と詠まれているように、この句の舞台は夕方です。そのとき「月は東に」昇ったばかり。ということは、満月の少し前、形的にはほぼほぼ丸い月といえるでしょう。

　では皆さんに問題です。『万葉集』に収められた柿本人麻呂の和歌「東の　野に炎の　立つ見えて　かへり見すれば　月傾きぬ」に登場する月はどんな形でしょうか。ここで炎とは陽炎（明け方の空の明るみ）のことを指しているとします（諸説あります）。

◎多彩な月の呼び名

　月にはその形や見え方などに応じて様々な呼び名があります。半月や満月といった形を素直に表す名はもちろん、新月からの日数や月の出の時刻をもとにした名もあります。

　月の満ち欠けの周期の中で半月は2回あります。新月から満月へ月が満ちていく過程にある半月を上弦、満月から新月へ月が欠けていく過程にある半月を下弦といいます。これには、弦を上に

して沈んでいく半月を上弦、弦を下にして沈んでいく半月を下弦と呼んだ、という説と、月の満ち欠けを基準にした昔の暦で１カ月の上旬に見える半月を上弦、１カ月の下旬に見える半月を下弦と呼んだ、という説があります。

　新月からの日数をもとにした呼び名には三日月や十五夜があります。ここで気をつけなければいけないのは、新月の日を朔日（１日）とすることです。つまり三日月は新月の２日後、十五夜は新月の14日後になるわけです。これとは別に月齢もしばしば使われますが、月齢は新月の瞬間を０とし、そこからの経過日数を示したものですから混同しないように気をつけましょう。三日月の場合、月齢はおおよそ２となります。満月の月齢も 13.9 〜 15.6 の間で変化しますから、**十五夜＝満月とは限らない**わけです。

　月の出の時刻をもとにした呼び名には、立待月や居待月、寝待月、更待月があります。これは、月の出が日々遅くなっていくことをうまく取り入れた月の呼び方で、月齢16の月は立って待っていればすぐに昇ってくるので立待月、月齢17の月は座って待っているうちに昇ってくるので居待月、月齢18の歌はなかなか昇ってこないので寝て待たないといけないということで寝待月、といった具合です。

　日本にはほかにも多くの月の呼び名があります。曇ったり雨が降ったりして見えない月にまで名前をつけている民族は、もしかしたら日本人くらいかもしれません。繊月、初月、眉月、弓張月、小望月、十六夜、臥待月、有明月、晦日、雨月、無月、薄月、残月……。これらすべてが月の名です。どんな形や状態の月を指しているのか、興味がある人は調べてみてはいかがでしょうか。

7 月のうさぎ模様の正体って何？

昔から日本では、月の模様はうさぎが餅をついている姿に見立てられていました。では、この模様の正体は何なのでしょうか。また、日本以外の国々ではどんな姿に見えているのでしょうか。

◎高地と海

月の表面に見られる模様のうち、白っぽいところを**高地**、黒っぽいところを**海**と呼びます。その名の通り、高地は比較的標高が高く起伏に富んでいます。月の表面積の約80％は高地で、月の特徴的な地形の1つであるクレーター（主に隕石の衝突孔）は、とくに高地に多く見られます。一方、海は比較的標高が低くなだらかです。海といっても地球の海洋のように水を湛えているわけではありません。黒っぽく見えるところを海と名付けたのはケプラー[1]ですが（高地も同様）、彼は実際に水があると信じていました。

さて、高地と海の色が違って見えるのは、それぞれをつくる岩石の種類が異なるからです。高地は主に斜長岩という岩石からできています。斜長岩は深成岩の一種で、ほぼ斜長石という鉱物からなります。カルシウムやアルミニウムに富み、密度が低いのが特徴です。高地には斜長岩のほか、マグネシウムに富む輝石とカンラン石を多く含む岩石やクリープと呼ばれるリンや希土類元素[2]に富む岩石が含まれることがわかっています。一方、海は主に玄武岩という岩石からできています。玄武岩は火山岩の一種で、地球の海洋地殻をつくる岩石でもあります。日

---

[1]　ヨハネス・ケプラー（1571-1630），ドイツの天文学者。
[2]　レアアースとも呼ばれる。スカンジウムやイットリウム、ランタノイド元素などの総称。

本でも富士山や伊豆大島の三原山などで見ることができます。玄武岩質のマグマは粘性が低くサラサラ流れるのが特徴です（ハワイのキラウエア火山の溶岩流を思い浮かべてください）。比較的ケイ素が少なく、鉄やマグネシウムに富んでいます。

◎月の模様ができた理由

では、なぜ月の表面は高地と海に分かれたのでしょうか。

月が誕生してまもない頃、月の表面は数百 km の深さまで溶けていて、月全体が巨大なマグマの海に覆われていました[*3]。マグマの海が冷えるにつれて様々な鉱物が結晶となって析出し、その重さによってマグマが分化していきます。つまり重くて黒っぽいカンラン石や輝石などの結晶はマグマの海の底に沈んでいき、反対に軽くて白っぽい斜長石などの結晶はマグマの海の表面に浮かんでいったのです。これを結晶分化作用といいます。こうして月の表面には、斜長石を主成分とする斜長岩からなる地殻ができたのです。その後、直径が数十 km にもなる小天体が次々と月に衝突し、直径が数百〜千数百 km という巨大な衝突盆地（ベイスン）がつくられます。一般的なクレーターに比べ衝突盆地は深いため、その底のほうは地殻が薄くなります。すると月の内部からマグマが染み出し、やがて衝突盆地を埋めていきます。月の内部にあったマグマは、結晶分化作用によって重くて黒っぽい鉱物に富んでいます。これらが月の表面に出てくると急激に冷やされて固まり、玄武岩となるのです。こうして海がつくられていきました。

高地と海のでき方を考えると、海は高地に比べて歴史が浅い、「若い地形」であることがわかります。それはクレーターの密度からも明らかです。現在に近づけば近づくほど月への小天体の衝

＊3　これをマグマオーシャンという。

突頻度は落ちますから、**クレーターの数が多い高地は、少ない海に比べて古い地形**といえるのです。

◎ところ変われば姿も変わる

　ところで、主に満月のときに見られる月の模様を「うさぎの餅つき」に見立てているのは日本だけで、何の姿にたとえているかは国や地域によって違います。例えば南ヨーロッパでははさみを振り上げたかにの姿に見立てていました。うさぎの耳がかにのはさみにあたります。同じヨーロッパでも、北ヨーロッパでは本を読む女性となります。うさぎの耳の片方が女性の頭、もう片方が腕と本です。ほかにもロバ(南アメリカ)、吠えるライオン(アラビア)、バケツを運ぶ少女 (カナダの原住民) など月の模様の見立て方は多種多様です。珍しいのは東ヨーロッパで、黒っぽい部分ではなく白っぽい部分を見て女性の横顔に見立てていました。白っぽい部分を見る例としてはヒキガエルの頭と前肢(中国)などがあります。

　なお、日本人は古来、月の模様をうさぎと見るだけでなく、実際に月にうさぎが住んでいると考えていました。例えば平安時代末に成立したとされる説話集『今昔物語集』には、「猿、狐、兎の3匹が、力尽きて倒れている老人に出逢った。3匹は老人を助けようと考えた。猿は木の実を集め、狐は川から魚を捕り、それぞれ老人に食料として与えた。しかし兎だけは、どんなに苦労しても何も採ってくることができなかった。自分の非力さを嘆いた兎は、何とか老人を助けたいと考えた挙句、猿と狐に頼んで火を焚いてもらい、みずからの身を食料として捧げるべく、火の中へ飛び込んだ。その姿を見た老人は、帝釈天としての正体を現し、兎の捨て身の慈悲行を後世まで伝えるため、兎を月へと昇らせた。

国や地域による月の模様の見え方の違い

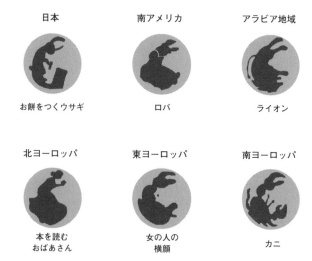

日本 — お餅をつくウサギ

南アメリカ — ロバ

アラビア地域 — ライオン

北ヨーロッパ — 本を読むおばあさん

東ヨーロッパ — 女の人の横顔

南ヨーロッパ — カニ

月に見える兎の姿の周囲に煙状の影が見えるのは、兎がみずからの身を焼いた際の煙だという」という話が伝えられています。

　日本では飛鳥時代にはすでに月にうさぎが住んでいると考えられていたようで、厩戸皇子（いわゆる聖徳太子）の死を悼んで彼の妃・橘大郎女がつくらせたといわれる「天寿国曼荼羅繍帳残欠」（国宝・中宮寺蔵）には、月とその中に両手を上げたうさぎ、薬壺、桂樹が描かれています。これは中国において、月に住むうさぎが不死の薬をついているという話が日本に伝わったものでしょう。

8 月の裏側はどうなっているの？

月の模様はいつ見ても同じように見えますね。なぜ私たちは月の片側しか見ることができないのでしょうか。また、知られざる月の「裏の顔」はどうなっているのでしょうか。

◎月にはウラとオモテがある

月は満ち欠けをして日々形が変わって見えますが、見えている模様は満月だろうと半月だろうと三日月だろうと同じです（もちろん満月以外の日は模様も欠けて見えるわけですが）。つまり、月には、地球にいる私たちから見ることができる半球と、見られない半球とがあることになります。前者を月の表側（オモテ）、後者を月の裏側（ウラ）と呼びます。月がいつも片面だけを地球に向けているのは、月が地球のまわりを1周する時間（月の公転周期）と月自身が1回転するのにかかる時間（月の自転周期）がともに **27.3日** と一致しているからです。よく月が自転していないからだと誤解されている人がいますが、もし月が自転していないのであれば、月が地球のまわりを半周したときに裏側が見えるはずです。

では、なぜ月の公転周期と自転周期が一致しているのでしょうか。地球が月を引っ張る力＝地球の引力は距離の二乗に反比例して弱まっていく性質があります[*1]。月はある一定の大きさを持っていますから、月の地球に近い側に働く地球の引力と、その反対側に働く地球の引力とでは、その強さがわずかに異なります。また月は地球のまわりを公転していますから、月には地球のある方向とは反対向きに遠心力が働きます。その結果、月は地球の方向

---

*1　つまり、引力の強さは距離が2倍になると4分の1の強さに、距離が3倍になると9分の1の強さになる。

にわずかに細長く伸びているのです。すると、例えば月の自転が速まって伸びている方向が地球からずれると、地球の引力がそれを引き戻すように働いて自転のスピードが遅くなります。逆に自転が遅くなると、同じ理由で自転のスピードが速まります。こうして月の自転周期が調整され、常に伸びている方向が地球に向くようになり、自転周期と公転周期が一致するのです。これを潮汐固定といいます*2。

潮汐固定のしくみ

自転が速い場合　　　　　　　　　　　　　　自転が遅い場合

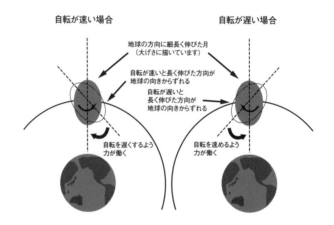

地球の方向に細長く伸びた月
（大げさに描いています）

自転が速いと長く伸びた方向が
地球の向きからずれる

自転が遅いと
長く伸びた方向が
地球の向きからずれる

自転を遅くするよう
力が働く

自転を速めるよう
力が働く

◎知られざるウラの顔

　地球上にいる限り決して見ることができない月の裏側。そこはいったいどのような世界なのでしょうか。月の表面には、白っぽく見える高地と黒っぽく見える海があります。高地と海の割合は、表側を見る限り半々といった感じがします。しかし実際は、月の

---

*2　月だけでなく、木星のガリレオ衛星など、潮汐固定されている衛星は多い。

表面積における高地の占める割合は約 80 ％です。なにやら計算が合わないような気がしますが、そんなことはありません。実は、月の裏側にはほとんど海が存在しないのです（正確には海が占める割合は表側で約 30 ％、裏側で約 2 ％）。**月の裏側は無数のクレーターに覆われた、明暗がほとんど見られない世界**なのです。そして月の地殻の厚みも表側と裏側とで異なります。月の表側のほうが地殻が薄くその厚みは表側が約 60 km、裏側が 100 km 以上と推定されています。その結果、月の「形の中心」と重心は位置がずれていて、重心のほうが 2 km ほど地球側に寄っています。

探査機が撮影した月の表側（左）と裏側（右）

Near Side　　　　　　　Far Side

　また月の裏側は表側以上に起伏に富んでいます。月の最高地点＝ディリクレ・ジャクソン盆地の南側（＋10.75 km）と最低地点＝アントニアーディクレーター内部（－9.06 km）はともに月の裏側にあります[*3]。標高差は実に 19.8 km で、これは地球の最高地点

　＊3　いずれも月の平均半径からの高さ。

（ヒマラヤ山脈チョモランマ：8.85 km）と最低地点（マリアナ海溝チャレンジャー海淵：－10.9 km）の標高差よりも大きいのです。

　では、月の表側と裏側はなぜこのように大きく異なる姿をしているのでしょうか。一説には、過去に月の表側で発生した小天体の超巨大衝突によって表側の高地の物質が吹き飛ばされたから、といわれていますが、詳しいことは未だ明らかになっていません。

◎ 50％ではない

　ところで、これまで月の裏側は地球からは見ることができないと述べてきました。であれば、単純に考えて地球から見られるのは月の表面の半分＝50％ということになりそうですが、実はそうではありません。月がわずかにふらついて見えるために、地球からは月の表面の約59％を目にすることができるのです。この月のふらつきを**秤動**といいます。

　秤動にはいくつかの原因がありますが、大きく分けて月の見かけ上のふらつきである光学秤動と、実際に月がふらついていることで生じる物理秤動とがあります。光学秤動は、月の公転軌道が楕円であり公転速度が一定でないことや、月の赤道面が月の公転面に対してわずかに傾いていることなどによって生じます。物理秤動は、月の形が完全な球でないために、地球や太陽の重力によって月そのものが揺れ動くことで生じます。

　双眼鏡や望遠鏡で観察するときは、とくに縁に見える地形に注目すると、秤動の様子がわかりやすいです。バイイ・クレーターやクラヴィウス・クレーター、といった月縁にある地形は秤動の影響を受けて見え方が大きく変わりますので、注目してみてください。

9 月はどうやってできたの？

突然ですが、なぜ月があるのか、皆さんは考えたことがあるでしょうか。月はちょっと特殊な天体で、その誕生は天文学にとって大きな謎の1つなのです。

◎変わった天体

私たちがふだん目にしている月は、実は太陽系に数多くある衛星の中ではかなり特殊な存在です。まずはその大きさです。地球と比べて月は異常に「大きい」のです。もちろん、月よりも大きい衛星はいくつもあります[*1]。しかし、母惑星との大きさの比を考えると、木星や土星の衛星は直径が母惑星の20分の1以下ですが、**月は地球の直径の約4分の1**もあるのです。

重さ（質量）も然りで、木星や土星では衛星の質量は最大でも母惑星の1000分の1にすぎませんが、**月の質量は地球の80分の1**もあります。

月は地球に比べると平均密度が小さいことも特徴です。このことは月に鉄が少ないことを表していると考えられます。地球の中心部には鉄とニッケルからなる核がありますが、月にはそれがないか、あったとしてもかなり小さいのでしょう。一方で、月における鉄やニッケルなどの元素の存在度は地球のマントルとよく似ていて、反対に揮発性元素（ナトリウムやカリウムなど）が非常に少ないという特徴があります。月と地球で酸素の同位体の存在比もほとんど同じです。

アポロ計画によって持ち帰られた月の岩石の分析結果から、月

[*1] 月は太陽系の中では、ガニメデ、タイタン、カリスト、イオに次ぐ5番目の大きさを持つ。

惑星に対する衛星の大きさの比

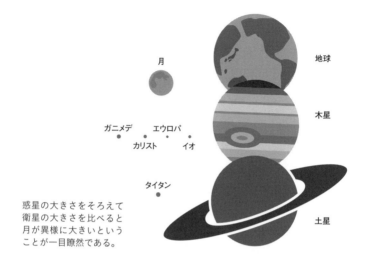

月

地球

木星

ガニメデ　　エウロパ

カリスト　　イオ

タイタン

土星

惑星の大きさをそろえて
衛星の大きさを比べると
月が異様に大きいという
ことが一目瞭然である。

はかつて全体が大規模に溶けてマグマオーシャンの状態にあった
ことも明らかにされています。月の成り立ちを考える場合、これ
らの特徴をすべて説明できなければいけないのです。

◎親子? 兄弟? 他人?

かつて、月の起源として3つの説が唱えられてきました。それ
が「分裂説（親子説）」「同時集積説（兄弟説／双子説）」「捕獲説（他人説）」
です。

分裂説は、誕生まもない頃の地球が高速で自転していたため、
遠心力で一部がちぎれ月になったというものです。分裂説は、月

に金属鉄の核がない（小さい）ことや、鉄やニッケルなどの元素の存在度が地球のマントルと酷似していることなどをうまく説明できますが、当時の地球が月を生み出せるほど速く自転していたかといわれると疑問が残ります。

　同時集積説は、月と地球は同じ場所で同じ材料から同時につくられたというものです。元素の存在度が似ていることや酸素の同位体比がほとんど同じであることをうまく説明できますが、一方で月に揮発性元素が少ないことは説明できません。

　捕獲説は、地球とはまったく別個に誕生した月がたまたま地球の重力にとらえられ、地球のまわりを回るようになったというものです。これであれば月に揮発性元素が少なくても何ら問題はありませんが、酸素の同位体比が等しいことは説明できませんし、なにより地球の 80 分の 1 “も” ある月を地球が捕まえることは理論的にかなり難しいことだといわれています。

　このように 3 つの説はどれも一長一短で、月の起源を説明する決定打にはなり得なかったのです。

◎月は巨大衝突で誕生した？

　1970 年代になって登場した比較的新しい説が**ジャイアントインパクト説**（巨大衝突説）です。地球が誕生した直後に火星サイズの原始惑星[*2]が地球に衝突、両方の天体の破片が混ざり合って集まり、月になったというものです。両者が正面衝突ではなく、原始惑星が斜めにぶつかって原始地球のマントルをえぐり取ったと考えれば、月と地球のマントルの組成が似ていることを説明できます。このような巨大衝突であれば揮発性物質がすべて蒸発してしまうでしょうし、全球が溶けてマグマオーシャンになること

[*2]　この仮想の原始惑星はティアと名付けられている。

もあり得ます。こうしてジャイアントインパクト説は現状でもっとも有力な説として広く知られるようになりました。しかし、ジャイアントインパクト説も完全ではありません。コンピュータで原始地球と原始惑星の衝突の様子をシミュレートしてみると、実際に飛び散って月をつくるのは地球からの物質ではなく、衝突してきた天体の物質のほうが多いという結果が出てしまうそうです。

　2017年には、複数回の小天体の衝突で月がつくられた、という新説も提唱され、ジャイアントインパクト説の派生版ともいうべき理論が続々と登場しつつあります。まだまだ月の起源の解明は道半ばなのです。

月の起源4説

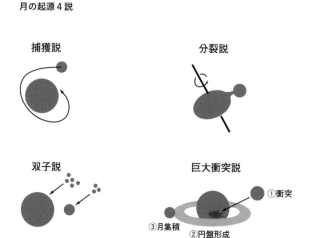

捕獲説

分裂説

双子説

巨大衝突説
①衝突
③月集積
②円盤形成

10 月は地球から遠ざかっているって本当?

> 月は地球にもっとも近い天体ですが、地球と月のあいだの距離
> は絶えず変化していて、年々地球から遠ざかっています。とは
> いえ永遠に遠ざかるわけではありません。

◎地球にもっとも近い天体

　月は基本的に地球にもっとも近い天体です（ときおり小惑星が月よりも地球に近づくことはありますが、一時的なことですから除外します）。その**距離は平均すると約38万km**です。地球の直径が約1万2700kmですから、**地球と月のあいだには地球がおよそ30個入る**計算になります。人類初の月面着陸を成し遂げたアポロ11号の宇宙船は、打ち上げられてから月面に着陸するまで4日と7時間弱かかりましたが、これは燃料を節約したり月着陸の準備のために月の周回軌道上にとどまっていたりしたために余計に時間がかかったからです[*1]。月に着くまでロケット噴射を続ければ、もう少し早く到着できるでしょう。38万kmという距離を、ジェット旅客機（時速800km）で飛べば475時間（約20日間）、時速300kmの新幹線で走れば1267時間（約52日間）、時速50kmの自動車で走れば7600時間（約317日）かかります。皆さんが不眠不休で自転車（時速15km）をこぎ続けたとしても月までは約2万5000時間＝1055日＝2.9年もかかるのです。もし歩いたとしたら……ご自分で計算してみてください（平均的な人間の歩く速さは時速4kmです）。ちなみに宇宙でもっとも速い光（秒速30万km）であれば、月まで1.3秒ほどで到達してしまいます。

[*1]　地球周回軌道を離れてから月周回軌道に投入されるまでは、ほぼ3日。

海外旅行に行くために飛行機に乗ったとしても移動距離はたかだか1〜2万km、地球をぐるりと1周回っても4万kmであることを考えれば、月はかなり遠い場所、という印象を持つかもしれません。それでも月の次に地球に近い天体・金星までは3962万km（最接近時）ですから、断トツで地球に近い天体といえます。

◎月は地球に近づいたり遠ざかったりする？

先ほど、地球と月のあいだの距離は"平均"約38万kmと書きました。月が地球のまわりを公転する軌道は真円ではなくわずかにつぶれた楕円です。そのため、地球と月のあいだの距離は絶えず変化していて月がもっとも地球に近づいたときは約35万6000km、逆にもっとも遠ざかったときは40万7000kmとなります。その差は5万1000km。地球の直径4つ分です。ですから、私たちが気づくほどではありませんが、月の見かけの大きさや明るさは、もっとも近づいたときともっとも遠ざかったときとでずいぶん変わります。月は満ち欠けをするため比較が難しいのですが、例えば同じ満月で比べると、2019年においては、もっとも地球から遠ざかった満月（9月14日：距離約40万6000km）に比べ、もっとも地球に近づいた満月（2月20日：距離約35万7000km）は約14％大きく、約30％明るく見えました。

ところで、皆さんは**スーパームーン**という言葉をどこかで聞いたことがあるかもしれません。漠然と大きな満月が見える日、と思っている方も多いかもしれませんが、スーパームーンという単語は天文学の用語ではなく、科学的な定義が決められた言葉ではありません。「1年のうち月が地球にもっとも近づく瞬間から24時間以内の満月」という人もいれば、「その年最大の満月」とい

2019年における最近の満月と最遠の満月

もっとも近い満月
2019年 2月20日 0時54分
地心距離　約35万7000km

もっとも遠い満月
2019年 9月14日 13時33分
地心距離　約40万6000km

う人もいて、言葉だけが一人歩きしている状態です。前者の場合、毎年スーパームーンが見られるとは限りませんが、後者の場合は毎年必ず見られます。

　なお、地平線から昇ったばかりの月は妙に大きく見えることがありますが、これは目の錯覚です。その原因ははっきりとはわかっていませんが、建物や山が近くに見えるため、それらと比較できるときとそうでないときで大きさの感じ方が違うのではないかともいわれています。

◎遠ざかる月

　月が周期的に地球に近づいたり遠ざかったりするのとは別に、天文学的なタイムスケールでは月は地球から徐々に遠ざかっています。アポロ計画でおこなわれた月レーザー測距実験[*2]によって、**年間3.8cmの速さで遠ざかっている**ことが明らかになっています。

　＊2　アポロ計画で月面に設置された反射器に向けて地球上からレーザー光線を発射し、それが反射して返ってくるまでの時間から月までの距離を正確に測る実験。

なぜ月が地球から遠ざかりつつあるのか、そのしくみはやや難しいのでここでは割愛しますが、現在遠ざかりつつあるということは、かつて月は今より地球に近かったはずです。ある研究者の計算によると10億年前は今より約10％、30億年前であれば今より約30％近かったそうです。とはいえ、10％という距離の変化幅は、現在のもっとも近づいたときと遠ざかったときの差とさほど変わりありません。たとえタイムマシンで10億年前に行って夜空にかかる月を見上げたとしても、月が大きく見えるとは感じないでしょう。30億年前まで行けば月までの平均距離が約27万kmになりますから、それなりに大きく見えるかもしれません。

　では、月は永遠に遠ざかり続けるのでしょうか。そんなことはありません。実は月が遠ざかることで地球の自転周期は長くなっているのですが、地球の自転周期と月の公転周期が等しくなった時点で、月はそれ以上地球から遠ざからなくなります。そのときの地球の自転周期は約47日＝1128時間です。つまり現在は「1日」が24時間ですが、遠い将来には「1日」が1128時間になってしまうのです（地球の公転周期は変わりませんから1年が8日弱で終わってしまうことになります）。地球の自転と月の公転が同期するということは、月は常に地球上のある地点の上空にあり続けるということになります。つまり地上から見ると月は空のある1点に留まり続け、月が見られる国と見られない国ができることになります。

　しかしそうなるのは100億年以上も先のこと。太陽が膨張し、地球が生命の住める惑星ではなくなるほうが早そうです。

第3章

地球の兄弟たち
～太陽系の世界～

1 太陽系にはどんな天体があるの？

太陽のまわりを回る天体たちの総称が「太陽系」です。宇宙に
おける1つの家族ともいえる太陽系には、どのような天体たち
が含まれているのでしょうか。

◎太陽系の仲間たち

　私たちが暮らす地球は、太陽のまわりを回っている惑星の1つ
です。惑星は**水星**、**金星**、**地球**、**火星**、**木星**、**土星**、**天王星**、**海
王星**の8つがあり、日本語ではその頭文字をとって「すいきんち
かもくどってんかい」などといって覚えますね。惑星はさらに、
地球のような岩石でできた惑星と、木星のようなガスでできた惑
星とに分けることができます[*1]。

　太陽系のメンバーとして有名なのは惑星ですが、ほかにも小さ
な仲間たちがたくさん太陽のまわりを回っています。

　主に火星と木星のあいだを回っている**小惑星**、太陽系の果てか
ら長い尾を引いてやってくる**彗星**、海王星の外側を回っている**外
縁天体**、さらには小さな塵（惑星間塵）も含まれます。

　惑星や小惑星のまわりを回る衛星も太陽系の仲間です。そして
忘れてはならないのは太陽系の中心にあって他の天体たちを重力
で引きつけている**太陽**（恒星）です。

　一口に太陽系といっても、そこには実に多様な天体たちがある
のです。

＊1　天王星と海王星を氷惑星として独立させる分類方法もある。

◎惑星の定義

2006 年 8 月、国際天文学連合（ IAU ）の会合で**惑星**の定義が決められました。驚かれるかもしれませんが、実はそれまで「惑星がどんな天体か」という決まりはなかったのです。それまでは慣習的に惑星という言葉が使われていましたが、「惑星とするかしないか」判断に迷う天体がたくさん発見されるようになり、改めて定義を決めることになったのです。

このときに決められた惑星の条件は ①**太陽のまわりを回っている**、②**十分に大きく（重く）てほとんど丸い形をしている**、③**自分の軌道から他の天体を一掃している**、の 3 つです。

①は当たり前ですね。②は、大きくて重たい天体は自分の重力のために丸くなる性質[*2]があるからで、厳密に球体である必要はありません（地球も自転の遠心力のせいで赤道方向にやや膨らんだ形をしています）。③が一番難しいところなのですが、自分の軌道（太陽のまわりを回る道すじ）において、他の天体の影響を受けない、自分がもっとも支配的、ということを意味します。これら 3 つの条件を満たしていないと惑星とは呼べない、ということになったのです。

◎準惑星

ところで皆さんは、かつて冥王星という惑星があったのをご存知でしょうか。冥王星はこのとき、惑星の定義を満たしていないということで、別の種類に分類されることになりました。それが**準惑星**です。

実は冥王星は、惑星の条件のうち③を満たしていません。同じような軌道に同じような天体がいくつも回っていますし、海王星

[*2]　これを重力平衡形状という。

の動きに捕らわれてしまってもいます（軌道も8つの惑星に比べて大きく傾いています）。そのため2006年を境に、惑星から準惑星へと、いわば「クラス替え」をしたのです。

同じように惑星の条件のうち①と②は満たしているものの③を満たしていない天体を準惑星とし、2020年7月現在、冥王星以外にケレス、エリス、マケマケ、ハウメアの4つがあります。

◎太陽系小天体と分類の問題

惑星と準惑星、そして衛星を除いた小さな天体たちを、まとめて**太陽系小天体**といいます。後で詳しく紹介する小惑星や彗星、外縁天体などはすべて太陽系小天体に分類されます。実は太陽系の仲間のうち、きっちりとした定義が決まっているのは惑星と準惑星、そして太陽系小天体だけなのです。つまり、小惑星や彗星などには明確な定義はないわけです。

近年、観測や探査が進むことで、1つのカテゴリーに分類できないような天体が数多く見つかってきました。小惑星のような軌道を持つのに尾を引く彗星のような天体や、惑星と衛星というよりは二重惑星に近い天体たちなどです。

準惑星についても、小惑星帯にあるケレスと海王星の外側にある冥王星などを同じグループにしているのは問題がある、と考える研究者もいます。

天体の分類は、自分たちが理解しやすいようにと人為的におこなわれるものですが、太陽系は人間が簡単に線を引いて分けられるほど、単純な世界ではないのかもしれません（太陽系に限りませんが）。逆にいえば、その複雑さこそが太陽系や宇宙の魅力ともいえるのです。

太陽系の多様な天体たち

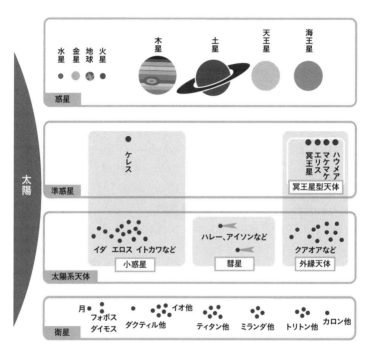

2 どうして惑星は「惑う星」なの?

惑星は、古代ギリシア語で「惑う者」を意味する $\pi\lambda\dot{\alpha}\nu\eta\varsigma$ の複数形 $\pi\lambda\dot{\alpha}\nu\eta\tau\varepsilon\varsigma$ (= planet の語源) が日本語訳されたものです。なぜ惑星は「惑って」いるのでしょうか。

◎夜空をさまよう星がある

　古来、人類は天体を観測して星の位置や動きを測り、ほかの多くの星とは異なる動きを見せる星たちがいくつかあることに気づきました。ほとんどの星は、同じ時刻に観測をすると日が経つにつれ、東から西に動いていくように見えます。そして1年後には元の位置に戻ります。これを**年周運動**といいます。そして星どうしの位置関係は変わりません。オリオン座や北斗七星の形が1年経ったら変わっていた、なんてことはないのです。

　ところがいくつかの星は、周囲の星との位置関係を変えて動き、西から東に向かって動いたり（順行）、ほとんど動かなかったり（留）、ときには向きを変えて東から西へと動いたりします（逆行）。まさに星々のあいだをさまよっているようです。

　変わった動きを見せる星たちは全部で5つほど見つかり、これらが $\pi\lambda\dot{\alpha}\nu\eta\tau\varepsilon\varsigma$（プラネテス）と呼ばれるようになったのです[*1]。現在でいう、水星、金星、火星、木星、土星の5惑星です。

　このような星たちはとりわけ明るく、変わった動きと相まって非常に目立ったことでしょう。

[*1]　地球は、当時は惑星とは見なされておらず、一方で太陽や月は惑星とされた。

火星の夜空での動き

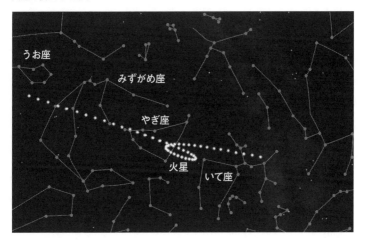

◎なぜ惑星は惑うのか？

　時代が下ると、惑星はその位置や動きが人間社会のあり方と結び付いていると考えられるようになります。占星術の始まりです。その結果、どの惑星がどの星座に位置しているか、惑星どうしの位置関係はどうなっているか、といったことが重要になり、未来の運勢を占うために惑星の動きを予測する必要が生じました。

　当時は地球が宇宙の中心であり、惑星はそのまわりを回っているという地球中心説、いわゆる**天動説**が信じられていました。しかし天動説では順行や逆行といった「惑星の惑い」をうまく説明することができません。天動説を体系化したプトレマイオスは、周転円などを組み合わせて惑星の動きを説明するしかなかったの

です。それでも天動説は、その後1000年以上も信じられることになります。

　ところが16世紀以降、宇宙はもっと単純であるはずだ、と考えたコペルニクス[*2]によって太陽中心説、いわゆる**地動説**が提唱され[*3]、のちにケプラーによって惑星の軌道が楕円であることが導き出されます。地動説は、夜空をさまよう惑星の動きを、無理なく説明することができました。そして私たちが住む地球も太陽のまわりを回る一惑星に過ぎないことがわかったのです。

　こうして、惑星は太陽のまわりを回ることで「夜空を惑う」ように見せていることが明らかにされました。

火星の動き方

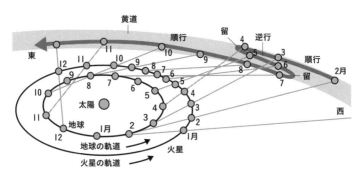

＊2　ニコラウス・コペルニクス（1473-1543）, ポーランドの司祭、天文学者。
＊3　太陽中心説自体は紀元前にすでに考え出されておりコペルニクスの「発明」というわけではない。

◎惑星の見つけ方

　夜空には多くの星が輝いていますが、その中のどれが惑星なのでしょうか。惑星は「惑う星」なので、時間をかけて観察すればその動きによって他の星と区別することができます。ただしパッと空を見ただけでは惑星の動きはわかりません。では、どうすれば空を見上げたときに星と惑星とを区別することができるのでしょうか。

　まず星座早見盤を利用する方法があります。星座早見盤はある日・ある時刻の星空の見え方を示してくれる便利な道具ですが、「惑う星」惑星は月日によって空での位置を変えるため、星座早見盤には載っていません。加えて惑星は明るく目立つものがほとんどです。さらに、惑星は星に比べると地球に近いため、望遠鏡で拡大してみると円盤状に見えます（星は点状にしか見えません）。そのため大気の揺らぎの影響（シンチレーション）を受けにくく、あまり瞬きません。つまり、**星座早見盤に載っていない明るい星が見えていて、瞬いていなければ、その星が惑星**だと判断することができます。

　なお、肉眼で見える惑星は、**水星**、**金星**、**火星**、**木星**、**土星**の5惑星です（天王星も明るさ的には肉眼で見えてもおかしくありませんが、他の星に埋もれてしまって区別することは困難です）。

　このうち水星と金星は、地球よりも太陽に近い軌道を公転しているため、日の出前の東の空か日の入り後の西の空にしか見ることができません[*4]。

[*4]　水星は金星に比べるとかなり見にくく、コペルニクスでさえ見たことがないという逸話がある（真偽のほどは不明）。

3 「岩石」でできた惑星たちは どんな姿をしているの?

太陽系の 8 個の惑星たちは、どれも個性的な姿をしています。まずは「地球型惑星」とも呼ばれる岩石でできた惑星たちの素顔を見ていきましょう。

◎クレーターに覆われた最小の惑星　〜 水星 〜

太陽系のもっとも内側を公転する**水星**は、太陽系の中で一番小さな惑星です。その大きさは直径が約 4900 km と地球の衛星・月よりもひと回り大きい程度です。

水星の表面は月とそっくりで、全体が大小様々なクレーターに覆われています[*1]。また水星の表面にはリンクルリッジと呼ばれる断崖が数多く見つかっています。これはかつて水星が冷えて縮んだときにできた「しわ」のようなものです。

水星の大きな特徴の 1 つに磁場の存在があげられます。水星は地球同様、金属の核を持つと考えられていますが、その大きさが非常に大きく、一部が融けて液体になっていると考えられています。その液体の核が水星の磁場を生み出しているわけですが、とても小さな惑星である水星の核がなぜ冷え固まっていないのかは、未だ謎のままです（金星や火星には磁場がなく、おそらく核が冷え固まってしまっています）。

◎厚い大気に覆われた灼熱の惑星　〜 金星 〜

大きさも質量も地球によく似た惑星が**金星**[*2]で、「地球の双子」ともいわれます。しかし、その環境は地球とは大きく異なります。

[*1]　水星最大のクレーターは直径 1550 km のカロリス盆地。水星の直径の 4 分の 1 よりも大きい。

[*2]　金星の直径は地球の約 95 ％、質量は地球の約 82 ‰。

金星は地球の90倍という非常に厚い大気に覆われています。つまり金星の表面に降り立つと、地球の90倍もの「空気の重さ」を感じるわけです。これは深海900mの水圧に相当します。**私たちが金星に降り立ったとすると、まずぺちゃんこにつぶれてしまう**でしょう。

この分厚い大気の主成分は二酸化炭素です。二酸化炭素といえば、温暖化の原因物質（温室効果ガス）として知られていますね。地球の90倍もある大気のほとんどが二酸化炭素ということで、強力な温室効果が働き、金星の表面は500℃近い高温になっています。これは、太陽にもっとも近い惑星である**水星よりも温度が高い**のです[*3]。また金星の大気は硫酸などの雲に覆われ、地球からその表面の様子を見ることはできません。そのため太陽の光は金星の表面には届きません。それでも金星の表面が高温であるということは、いかに温室効果が強力に働いているかがわかります。

さらに金星の上空には非常に強い風が吹いています。**スーパーローテーション**と呼ばれる大気の流れで、その速さは秒速100mを超えます。これは金星の自転速度の60倍も速いことになります。地球の上空にも同様な強風＝ジェット気流が吹いていますが、その風速は秒速30mほどで、地球の自転速度の10分の1にもなりません。スーパーローテーションの起源は未だ明らかにされていませんが、日本の金星探査機「あかつき」の活躍により、その謎が解明される日も近いかもしれません。

◎液体の水を湛え生命あふれる惑星　〜 地球 〜

地球の最大の特徴は、何といっても表面に液体の水を持ち、生命が存在していることです。このような惑星は太陽系にはほかに

＊3　水星の表面温度は最高で430℃ほど。

ありません。しかし、地球は本当に「水の惑星」なのでしょうか。

　たしかに地球の表面は7割が海です。ところが水の絶対量で見ると、地球全体の水の量は体積で0.013％、質量で0.023％しかありません。太陽系には地球より大量に液体の水を持っているであろう天体が発見されており、それらに比べると実は**地球は「乾いた惑星」とみなすこともできる**のです。

　とはいえ、海の存在が生命を誕生させ、地球を生きものに満ちあふれる惑星にしたことは確かです。現在、地球には未確認のものも含めると1000万種を超える生きものがいるといわれています。

　地球という惑星と生命は、誕生以来お互いに影響をしあい、今日の地球環境をつくってきました*⁴。生命の誕生や進化が地球環境に影響を及ぼし、また地球環境の変化が生命の進化に影響を及ぼしてきたのです。生命がもたらしたもっとも大きな地球環境の改変は、酸素の放出でしょう。地球の大気中にははじめ、酸素がほとんど含まれていませんでした。最初に誕生した生きものも、酸素を必要としない嫌気性細菌のようなものだったと考えられています。ところが約27億年前にシアノバクテリアが誕生し、光合成を行って海中に酸素を放出するようになります。酸素はやがて大気中にも広がり、オゾン層の形成に寄与します。生命はエネルギーを生み出すために酸素を活用するようになり、またオゾン層によって太陽からの有害な紫外線が遮られたことで地上に生命が上陸する素地を用意したのです。

◎かつての水の痕跡を残す乾燥した惑星　〜火星〜

　地球のすぐ外側を公転する惑星・**火星**は、今もっとも探査が進

＊4　これを共進化という。

んでいる惑星です。かつて知的生命が存在するとも考えられた火星は、現在でも微生物が存在する可能性は残されており、地球外生命探査の視点からも積極的な探査がおこなわれているのです。

　火星は**地球の半分ほどの大きさ**しかない小さな惑星ですが、その地形は非常にダイナミックです。太陽系最大の火山といわれる**オリンポス山**は、標高が約 2 万 5000 m、裾野の幅は約 550 km もあります。巨大な峡谷・マリネリス峡谷は長さが約 4000 km、幅は最大で 200 km、深さは最大 7000 m にも達します。かつて大量の水が流れた跡だと考えられる地形も見つかっています[*5]。

オリンポス山と地球の山の高さ比較

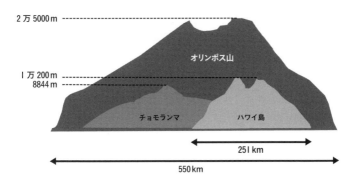

火星に海が存在していたとしたら、過去に生命が誕生していたかもしれません。現在の火星にも水の氷はあり、地下に液体の水が残されている可能性もあります。もしかしたら、火星に初の地球外生命が見つかる日も、そう遠くないのかもしれません。

　＊5　太古の火星は北半球のほとんどが海に覆われていた可能性も指摘されている。

4 「ガス」でできた惑星たちは どんな姿をしているの？

続いては木星型惑星とも呼ばれるガスできた惑星たちの素顔を見ていきましょう。なお天王星や海王星は、ガスというよりは氷でできているため、天王星型惑星に分類することもあります。

◎壮大な縞模様を持つ惑星　〜 木星 〜

太陽系最大の惑星、それが**木星**です。その大きさ（直径）は地球の約 11 倍、質量は地球の 318 倍にもなります。まさに名実ともに「惑星の王者」といえるでしょう。

木星の最大の特徴は、小さな望遠鏡でも見ることができる縞模様です。暗い茶色いほうを縞（ベルト）、明るい白いほうを帯（ゾーン）と呼びます。**縞模様の正体はアンモニアやメタンなどでつくられる雲**です。色の違いは雲の高さや雲の成分の違いで、帯は上層のアンモニア雲が見えているもの、縞は上層の雲がなく下層の雲が見えているものです。これらの雲が、木星の速い自転速度の影響で東西方向に流されるため、縞模様ができているのです。

木星の赤道のやや南には、大きな目玉模様が見えることがあります。これは大赤斑と呼ばれる巨大な雲の渦巻です。地球の台風とは違い、高気圧性の渦です。少なくとも百数十年にわたって存在し続けていますが、それほど長寿な理由はわかっていません。近年では縮小傾向にあることが確認されていますので、もしかしたら近い将来、大赤斑は消滅してしまうのかもしれません。なお、大赤斑のほかにも雲の渦は確認されており、合体や消滅を繰り返すなど、常に変化し続けています。

◎壮麗な環を持つ惑星　〜 土星 〜

　木星に次いで巨大な惑星である**土星**は、なんといってもその環
が特徴的です。実のところ、木星、天王星、海王星にも環がある
のですが、地球上から小さな望遠鏡でも見えるほどの立派な環を
持つのは土星だけです。その環は様々な大きさの**氷のかけらが集
まったもの**ですが、なぜ土星にだけこのような巨大な環があるの
かは明らかにされてはいません。土星の環をつくる物質が徐々に
失われつつあるという研究成果もあり、もしかしたら遠い将来、
土星の環は消滅してしまうのかもしれません。

　一方、土星の環は見かけ上も、消失してしまうことがあります
す。土星の公転周期は約 30 年ですが、土星が傾いたまま太陽の
まわりを回っているため、15 年ごとに環を真横から見る形にな
ります。土星の環はたいへん薄く、厚みはせいぜい 1 km しかあ
りません。土星の極方向の半径は約 5 万 4000 km ですから、そ
れに対する環の厚みはわずかに 0.002 ％ です。これを 14 億 km
近く離れた地球から見るわけですから、ほとんど視認することが
できなくなってしまうわけです。次回、土星の環が消失するのは
2024 年ころです。

地球から見た土星の環の傾きの変化

土星の軌道
地球の軌道

◎横倒しになった惑星 〜 天王星 〜

　土星のさらに外側を公転する惑星・**天王星**は、地球を除くこれまでの５惑星と違い、夜空に肉眼で見つけることは困難です。望遠鏡が発明されて以降に、「初めて発見された惑星」なのです[*1]。

　天王星の最大の特徴は、その自転軸の傾きです。太陽系の惑星の自転軸は多少の傾きこそあれ、ほぼ向きがそろっています（例外として金星は177度傾いているため他の惑星と逆方向に自転しています）。ところが天王星は、自転軸の傾きが97.9度と大きく横倒しになったまま公転していることになります。その原因はわかっていませんが、小天体の衝突が原因ではないかと考えられています。

　横倒しで公転していることで、天王星の極域では昼と夜が半公転分の42年間ずつ続きます。そのため天王星は季節変化が乏しく、大気は木星や土星に比べると穏やかです。天王星の表面にはあまり顕著な模様も見られません。

主な惑星の自転軸の傾き

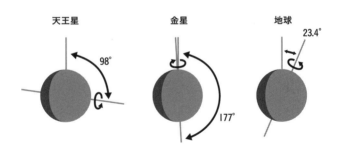

天王星　　　　　金星　　　　　地球

　　98°　　　　　　　　　　　23.4°

　　　　　　　　　　177°

＊１　天王星の発見者はイギリスの天文学者ウィリアム・ハーシェル（1738-1822）。

◎最果ての青き惑星　〜 海王星 〜

　海王星は太陽系の惑星のうち、もっとも外側を公転しています。天王星は偶然発見された惑星ですが、海王星は天王星の公転運動の予測とのずれが未知の惑星の重力の影響であると考えられ、探索された結果として発見された惑星です[*2]。

　海王星は太陽から 45 億 km 以上も離れているため、その受け取るエネルギーは地球の約 1000 分の 1 です。しかし、内側を公転する天王星に比べると激しい気象活動が見られ、赤道付近の風速は天王星の数倍、秒速 600 m にも及びます。これは**太陽系最速の風**として知られています。

　探査機ボイジャー 2 号が海王星に接近したときには、大暗斑と呼ばれる渦が発見されました。木星の大赤斑同様に高気圧性の渦ですが、雲の渦ではなく、地球のオゾンホールのような大気成分が薄くなっているところだと考えられています。なお、この大暗斑はその後消滅し、一方で 2015 年には新たな暗斑が発生したことが確認されています。

　このように、天王星より太陽から離れている海王星のほうが、大気の活動が活発な理由は明らかになっていません。海王星は、太陽から受け取る量の約 3 倍ものエネルギーを内部で生み出していますのでそのためかもしれませんが、そうすると今度は、海王星がなぜ内部でエネルギーを生み出せているのかという謎が残るのです。天王星と海王星は、遠いがゆえにこれまで一度しか探査機が訪れていません（しかも横を通過しただけ）。まだまだ未解明な点が多い惑星たちなのです。

＊2　海王星の発見には多くの天文学者がかかわったが、発見者とされているのは、フランスの天文学者ユルバン・ルヴェリエ（1811-1877）、イギリスの天文学者ジョン・アダムズ（1819-1892）、ドイツの天文学者ヨハン・ガレ（1812-1910）の 3 名である。

5 木星の「1日」は9時間50分しかない?

様々な素顔を持つ惑星たち。では太陽系の惑星の「ナンバー1」はいったいどの星なのでしょうか。大きさ、質量など、惑星の様々な「量」について、それぞれの順位を見ていきましょう。

◎もっとも大きくて重い惑星は?

大きさ、質量、ともにナンバー1は**木星**です。大きさ（半径）は地球の約11倍、質量は約318倍と、名実ともに太陽系の惑星の王者といえるでしょう。第2位は大きさ、質量ともに土星ですが、第3位は大きさが天王星、質量が海王星と異なります。地球はどちらも第5位です。

木星や土星はたしかに質量は大きいのですが、主成分が水素やヘリウムといったガスであるため、大きさのわりには「軽い惑星」です。惑星の詰まり具合を表す平均密度（比重）は、岩石でつくられている地球が1位です（2位は水星、3位は金星）。一方で最下位は土星で、平均密度は 0.69 g/cm^3 しかありません。あくまで平均とはいえ、土星がすっぽり入れるプールがあるとすれば、土星は水に浮いてしまうのです。

◎「1年」や「1日」がもっとも短い／長い惑星は?

まずは「1年」の長さ（＝公転周期）から見ていきましょう。これは単純で、太陽から離れれば離れるほど公転速度が遅くなり、その軌道を1周するのにかかる時間が長くなります。つまり水星がもっとも公転周期が短く（約88日）、海王星がもっとも長く（約

165 年）なります。

　これが「1日」の長さとなるとややこしくなります。自転の向きや公転との絡みもあって、自転周期＝「1日の長さ」とはなりません。自転周期とは、遠くにある恒星に対して惑星が一回転する時間ですが、**「1日」の長さとは太陽に対して惑星が一回転する時間**です。例えば地球の場合、自転周期は 23 時間 56 分ですが、「1日」の長さは 24 時間です。

自転周期と「1日」の長さ

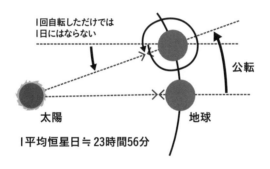

1回自転しただけでは
1日にはならない

公転

太陽　　　地球

1平均恒星日≒23時間56分

　自転周期と「1日」の長さがもっとも短いのは、意外と思われるかもしれませんが太陽系最大の惑星・木星で、自転周期は約 9 時間 50 分です（なお、木星のようなガス惑星は場所によって自転速度が異なり、これは赤道での値です）。一方、自転周期がもっとも長いのは金星で、約 243 日にもなります。さらに金星は自転の方向が他の惑星と異なって逆行しているため、「1日」の長さは約 117 日

となります。金星の公転周期＝「1年」の長さは約225日ですから、金星は二昼夜が過ぎれば1年が終わってしまうことになります。「1日」の長さがもっとも長いのは水星で、「1日」の長さが約176日（自転周期は約58日）となります。水星の公転周期は約88日ですから、水星では「1年」の長さより「1日」の長さのほうが長いことになるのです。

◎もっとも明るく見える惑星は？

　惑星の明るさは、惑星そのものの大きさや反射率、地球からの距離などによって変わります。また火星などは地球に近づいているときと遠ざかっているときとでかなり明るさが変わります。そこで、距離などは考慮せずに地球から見てもっとも明るく見える惑星をナンバー1としましょう。

　8つの惑星のうち断トツで明るいのは金星です。「宵の明星」「明けの明星」とも呼ばれるように、空が暗くならないうちから圧倒的な存在感を放って輝きます。その明るさは−4.7等。金星は太陽、月に次いで明るく見える天体であり、明るいときは昼間でも見えるほどです。金星がこれほどまでに明るいのは、地球に非常に近づき見た目の大きさが大きくなることと、全体が硫酸の雲で覆われ反射率が高いことが理由です（それでも惑星の中でもっとも反射率が高いわけではありません）。

　第2位は意外に思われるかもしれませんが火星です。もっとも明るいときは−3.0等になります。火星は2番目に「小さい惑星」で、反射率も2番目に小さいのですが、金星同様、地球に近づくために明るく見えるのです。3位は木星（−2.9等）、4位は水星（−2.5

等）、5 位は土星（0.5 等）と続きます。水星は数字だけを見ればかなり明るいのですが、実際には空が暗くなりきっていない時間帯にしか見えず、しかも地平線からの高さが低いので、そこまで明るく見えないというのが実感かもしれません。

惑星の様々な物理量

	水星	金星	地球	火星	木星	土星	天王星	海王星
赤道半径	2,439.7	6,051.8	6,378.1	3,396.2	71,492	60,268	25,559	24,764
質量（地球＝1）	0.05527	0.8150	1.0000	0.1074	317.83	95.16	14.54	17.15
平均密度 [g/cm]	5.43	5.24	5.51	3.93	1.33	0.69	1.27	1.64
軌道長半径 [au]	0.3871	0.7233	1.0000	1.5237	5.2026	9.5549	19.2184	30.1104
軌道傾斜角 [°]	7.004	3.395	0.002	1.848	1.303	2.489	0.773	1.770
軌道離心率	0.2056	0.0068	0.0167	0.0934	0.0485	0.0554	0.0463	0.0090
公転周期 [年]	0.24085	0.61520	1.00002	1.88085	11.8620	29.4572	84.0205	164.7701
自転周期 [日]	58.65	243.02	0.9973	1.0260	0.414	0.444	0.718	0.671
衛星数※	0	0	1	2	72 (95)	66 (149)	27 (28)	14 (16)
極大等級 [等]	-2.5	-4.9	—	-2.9	-2.9	-0.5	5.3	7.8
発見年	—	—	—	—	—	—	1781	1846

衛星数は、確定した衛星の数（発見が報告された衛星の総数）となっています。
土星の衛星の一部は粒子の塊である可能性があり、それを除くと総数は 146 となります。

6 　惑星はいくつ衛星を持っているの？

太陽系に存在する、惑星に勝るとも劣らない多様な衛星たち。中には惑星以外の天体を回るものもあります。小粒でも存在感を放つ衛星の世界を垣間見てみましょう。

◎衛星はいくつある？

まずはそれぞれの惑星がどのくらい衛星を持っているのかを見てみましょう。総じて、地球のような岩石惑星は衛星の数が少なく、木星のようなガス惑星は衛星の数が多いです。これは、ガス惑星のほうが、質量が大きく衛星をみずからの重力でつなぎとめておけることと、太陽から離れているために衛星となる材料が多く存在していたことが関係しているでしょう。

太陽に近い水星と金星は衛星を持っていません。地球の衛星は月ただ1つだけです。火星はフォボスとデイモスという2つの小さな衛星を従えています。木星は太陽系で2番目に多くの衛星を持つ惑星です。2024年4月現在でその数は95個に及びます（確定番号がついた衛星数は72個）。木星には2022年にも新たな衛星が発見されていて、まだまだ見つかっていない衛星があるかもしれません。土星は太陽系で最多の149個の衛星を持っています（確定番号がついた衛星数は66個）[1]。衛星の多様性という点でも太陽系随一です。天王星は28個、海王星には16個の衛星がそれぞれ発見されています。

---

*1　重複や粒子塊の可能性があるものもあり、それらを除くと146個。

地球と太陽系の 10 大衛星の大きさ比較

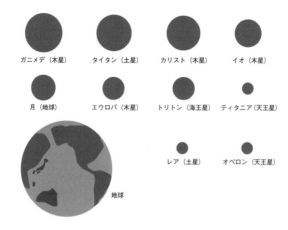

ガニメデ（木星）　　タイタン（土星）　　カリスト（木星）　　イオ（木星）

月（地球）　　　エウロパ（木星）　　トリトン（海王星）　ティタニア（天王星）

レア（土星）　　オベロン（天王星）

地球

◎個性的な衛星たち

　ここでは太陽系の衛星のうち、ほんのごく一部ではありますが強い個性を持った天体たちを紹介しましょう。

◆フォボス（火星）

　火星の第 1 衛星。いびつな形をしていて、小惑星が火星の重力で捕らえられたものともいわれています。火星に徐々に近づいていて、数億年以内に火星の重力で粉々になってしまう可能性があります。また、平均密度が小さく、かつては中空であると考えられたこともありました。

◆イオ（木星）

　木星の第 1 衛星。地球の衛星・月よりも少し大きい程度ですが、地質活動が盛んで、地球以外で唯一、「熱い活火山」が発見されています。

◆エウロパ（木星）

木星の第2衛星。表面は氷で覆われていますが、無数のひび割れが走っていて、内部には液体の水（海）が存在していると考えられています。地球外生命探査の観点から熱い視線が注がれている天体です。

◆ティタン（土星）

タイタンとも。土星の第6衛星。地球よりも濃い大気に覆われた唯一の衛星です。表面温度はかなり低いですが液体のメタンやエタンの雨が降り、太古の地球に似た点があるといわれています。

◆エンケラドゥス（土星）

土星の第2衛星。南極付近から水蒸気や有機分子が間欠泉のように吹き出しているのが探査機によって観測されました。木星の衛星エウロパ同様、内部に液体の水（海）があると考えられています。

◆ミランダ（天王星）

天王星の第5衛星。表面は非常に複雑な地形で覆われていて、20 km という太陽系最大の高低差を誇る断崖などが発見されています。このような地形は、ミランダ自身が一度バラバラに破壊された後、再び集まったことによりつくられたと考えられています。

◆トリトン（海王星）

海王星の第1衛星。表面温度は－200℃以下ですが、液体の窒素を吹き出す氷火山が発見されています。海王星の自転方向とは逆向きに公転している逆行衛星で、別の場所で誕生した小天体が海王星の重力に捕らえられて衛星になった可能性が指摘されています。

◆ネレイド（海王星）

海王星の第 2 衛星。非常に細長い楕円軌道公転をしていて、海王星からの距離が約 137 万 km から約 966 万 km まで変化します。

◎衛星を持つのは惑星だけじゃない？

準惑星や太陽系小天体である小惑星、太陽系外縁天体にも衛星を持つものがあります[*2]。

準惑星は、ケレス以外のすべての天体が衛星を持っています。冥王星はカロン、ニクス、ヒドラ、ケルベロス、ステュクスの 5 個が、エリスにはディスノミア 1 個が、ハウメアにはナマカとヒイアカの 2 個が、マケマケには命名されていない衛星 1 個がそれぞれ発見されています。特筆すべきは冥王星の第 1 衛星**カロン**でしょう。大きさが冥王星の半分もあり、衛星というよりは、さながら二重惑星のようです。実際、両星の回転の重心は冥王星の外にあり、惑星の定義が検討されたときには、カロンを惑星に「格上げ」するという案も出ました。

小惑星や太陽系外縁天体にも衛星を持つものがあり、例えば小惑星シルヴィアにはロムスとレムルスという 2 つの衛星が、外縁天体オルクスにはヴァンスという衛星が確認されています。小惑星アンティオペ（衛星は未命名）のように、ほとんど同じ大きさの小惑星が互いのまわりを回り合っている二重小惑星のような天体も発見されています。

**小惑星イダと
衛星ダクティル (イダの右の小さな点)**

＊2　現状、彗星には衛星は発見されていない。

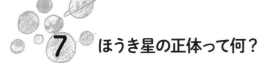

7 ほうき星の正体って何？

夜空に突然現れ、長い尾をたなびかせるほうき星こと彗星。昔は不吉なことが起きる前触れと恐れられていました。正体はいったい何なのでしょうか。

◎彗星は「汚れた雪だるま」？

彗星_{すい}は、本体である核、そのまわりに広がるコマ、コマから伸びる尾の3つの部分からなります。もともとは核がむき出しになって太陽のまわりを回っていますが、太陽に近づくとその熱で氷が昇華*¹してガスとなり、噴き出してコマを形成します。コマはいわば彗星の大気のようなものです。**噴き出したガスや塵が太陽風や太陽の光の圧力によって流されたものが尾となります**（そのため、彗星の尾は必ず太陽とは反対方向に伸びます）。尾には塵からなるダストの尾と、電離したガスからなるイオンの尾があります。

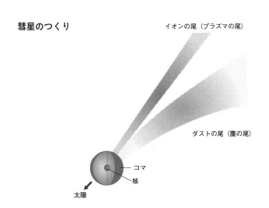

彗星のつくり

イオンの尾（プラズマの尾）

ダストの尾（塵の尾）

コマ

核

太陽

＊1　固体が液体を経ずに気体となること。またはその逆。

　彗星核の正体は、塵を多く含んだ氷の塊です。そのため彗星核のことを「汚れた雪だるま(dirty snowballs)」と呼ぶこともあります。近年では、塵の割合が考えられていたよりも大きいことがわかり、「凍った泥団子（icy dirtballs）」に近い可能性が指摘されています。氷はその大部分が水の氷ですが、二酸化炭素や一酸化炭素、アンモニアやメタンの氷も含まれます。

◎帰ってこない彗星もある

　彗星も、惑星などと同じく太陽のまわりを回っている天体ですが、その軌道は惑星のそれとは大きく異なっています。惑星の軌道はほぼ円に近い楕円ですが、彗星の軌道の多くはかなり細長い楕円軌道なのです。中には惑星に比べて軌道が立っていたり、逆向きに回っていたりするものもあります。

様々な彗星の軌道（地球の北極側から見たもの）

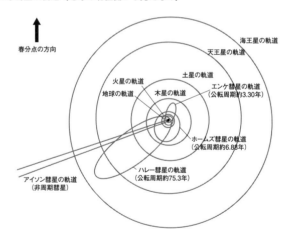

131

太陽系の天体の軌道の形は離心率と呼ばれる数値で表されます。この離心率が0であれば円、0から1のあいだであれば楕円、1であれば放物線、1より大きければ双曲線となります。かの有名なハレー彗星（1P）は、太陽にもっとも近づくときは金星軌道の内側まで入り込みますが、太陽からもっとも遠ざかるときは海王星軌道の外側にまで達します。離心率は約0.97です。

便宜上、公転周期が200年以下の彗星を短周期彗星、200年より長い彗星を長周期彗星と呼ぶことがあります。長周期彗星の中には、軌道が放物線に近く、太陽に一度近づいたきり、二度と帰ってこない彗星もあると考えられています。また彗星の中には、太陽に近づいたときに壊れてバラバラになってしまうものもあります。2013年に太陽に大きく近づき、かなり明るくなると期待されたアイソン彗星（C/2012 S1）もその1つです。惑星などに衝突して最期を迎える彗星もあります。1994年にいくつもの破片に分裂しながら木星に衝突したシューメーカー・レヴィー第9彗星（D/1993 F2）がその例です。

◎世間を騒がせた彗星たち

昔は不吉の前兆とされてきた彗星ですが、科学が発展した現在でも彗星のふるまいを予測することは難しく、これまでにいくつもの彗星が、太陽に接近しては世間を騒がせてきました。

例えば1910年に太陽に、次いで地球に大接近したハレー彗星は、世界中でパニックを引き起こしたといわれています。当時、彗星の尾に猛毒のシアンが含まれていることがわかっていました。このとき、彗星の軌道を計算した結果、ハレー彗星の尾の中に地球が入ることが明らかになったのです。そのため、地球上の

生物が窒息死してしまうという噂が流れました。それに便乗した商売をおこなう者もいたそうですが、結局のところ、何事も起きませんでした。

　パニックを引き起こすほどにならなくても、彗星のふるまいは天文学者やアマチュア天文家を一喜一憂させてきました。

　1989 年に発見されたオースチン彗星（C/1989 X1）は、大彗星になると期待されながらも明るくならず、多くの人の期待を裏切る結果となってしまいました。

　1973 年に発見されたコホーテク彗星（C/1973 E1）も、今世紀最大などと謳われたわりに大して明るくならなかった彗星の例です（そのため誤報テク彗星などと揶揄する呼び名も生まれました）。一方で、期待以上の大彗星になったものも数多くあります。

　2011 年に発見されたラブジョイ彗星（C/2011 W3）は、太陽に近づきすぎて跡形もなく蒸発してしまうと考えられていたものの生き残り、長大な尾をたなびかせた大彗星となりました。

　1975 年に発見されたウェスト彗星（C/1975 V1）も、期待に反して白昼でも見えるほどの明るさになり、美しく広がった尾を見せてくれた彗星です。

　中でも変わり種はホームズ彗星（17 P）でしょう。2007 年、望遠鏡でも観測が難しいほど暗かったのが、突如として肉眼でも見えるほどに明るくなったのです。このような彗星の大増光を**アウトバースト**といいます。ホームズ彗星が 40 万倍も明るくなった理由はわかりませんが、このような突然の変化を起こすことこそ、彗星を観察する醍醐味といえるのかもしれません。

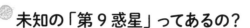

8 未知の「第9惑星」ってあるの?

現在知られている太陽系の惑星は、水金地火木土天海の8つです。しかし太陽系には、本当に8つしか惑星はないのでしょうか。まだ見つかっていない未知の惑星はないのでしょうか。

◎冥王星の仲間たち

　かつて冥王星は、太陽系の9番目の惑星として知られていました。ところが1990年代以降、海王星の軌道の外側に冥王星と同じような天体が数多く発見されるようになり、あまつさえ冥王星に匹敵する大きさを持つ天体まで見つかるようにりました。そのため惑星の定義が定められ、冥王星は準惑星という新しいカテゴリに分類し直されることになりました。海王星軌道の外側を回る主に氷でできた小天体を太陽系外縁天体(略して外縁天体)と呼びます。これらのうち準惑星に分類される天体は冥王星のほかにエリス、マケマケ、ハウメアがあり、総称して**冥王星型天体**と呼ばれます。ほかにもかなりの大きさを持つと考えられている外縁天体はいくつも見つかっており(オルクスやクワオア、2017 OR10 など)、今後、準惑星の数は徐々に増えていくかもしれません。それらは軌道などの特徴から様々に分類されています。例えば、冥王星のように公転周期が海王星と3:2の関係にある[*1](海王星が太陽のまわりを3周するあいだに自身が太陽のまわりを2周する)天体群は**冥王星族**と呼ばれます[*2]。もちろんそのような関係にない天体群(キュビワノ族)などもあって、太陽系の外縁部は、実に多様性に富んでいるのです。

---

*1　このような関係を共鳴という。
*2　名前が似ているのでややこしいが冥王星型天体 (Plutoid) と冥王星族 (Plutino) はまったくの別物。

◎「9 番目の惑星」を探す

　では太陽系の惑星の数は本当に 8 個で打ち止めなのでしょうか。実は 9 番目の惑星が存在すると考えている研究者もいて、実際に探索が進められています。とある研究者は、太陽からもっとも離れる軌道を持つ 6 つの外縁天体の軌道を詳しく調べ、その方向などが似ていることから、未知の惑星の重力の影響で 6 天体の軌道が変化し現在のようになったと考えました。その理論によると 6 天体とは 180 度反対向きの軌道を持つ、地球の 10 倍ほどの質量を持つ「惑星」があるというのです。一方で、そのような「惑星」が存在しなくても外縁天体の軌道を説明できると主張する研究者もいて、第 9 惑星が実在するか否かは、実際にそのような天体が発見されるまで決着がつかないのかもしれません。また2019 年には、第 9 惑星は「惑星」ではなく小さなブラックホールだという説も登場しました。もし地球の 10 倍ほどの質量であれば、ボーリングのボール程度の大きさのブラックホールだというのです。

第 9 惑星の軌道の予想図（中心の黒丸が太陽）

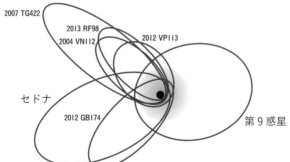

2007 TG422

2013 RF98

2004 VN112

2012 VP113

セドナ

2012 GB174

第 9 惑星

◎太陽系の果ては彗星のふるさと？

　では、太陽系の果てはいったいどこで、そこには何があるのでしょうか。

　1950年、オールト[*3]は、長周期彗星の軌道を詳しく調べた結果、太陽から遠く離れた位置に、氷でできた小天体＝彗星の卵が太陽を球殻上に取り囲む領域があると推定しました。これを彼の名をとって**オールトの雲**と呼んでいます。

　オールトの雲は実在が確認されているわけではありませんが、存在するとすれば、太陽の重力が及ぶもっとも遠いところという

オールトの雲の想像図

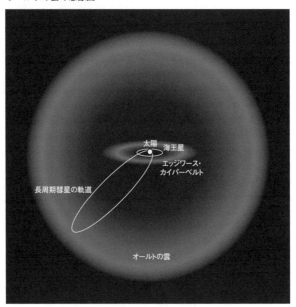

太陽　海王星
エッジワース・
カイパーベルト
長周期彗星の軌道
オールトの雲

＊3　ヤン・オールト（1900-1992），オランダの天文学者。

点で、太陽系の果てといえるでしょう。そこまでの距離は、最大で 1 光年（約 9 兆 5000 億 km）ほどだと考えられています。

　一方、近年、「探査機ボイジャーが太陽系を脱出」といった見出しのニュースを目にした人も多いかと思います。しかし、これは正確な表現ではありません。ボイジャー探査機が脱出したのは太陽風の及ぶ範囲、太陽圏（ヘリオスフィア）のことです[＊4]。ある意味では太陽圏の端（ヘリオポーズ）も太陽系の果てといえるかもしれませんが、そこまでの距離は太陽から 150 〜 200 億 km ほどで、オールトの雲には遠く及びません。太陽の影響が及ぶ範囲を太陽系とするならば、**オールトの雲の端こそが太陽系の果て**といえるのです。

太陽圏と探査機ボイジャー

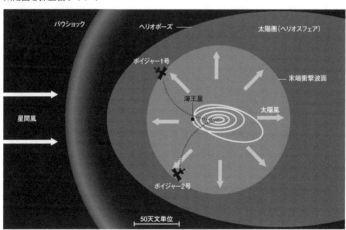

9 地球にぶつかりそうな星は 2000 個以上ある?

> 近年、探査機「はやぶさ2」などの活躍で脚光を浴びている小惑星。最大でも 900 km という小兵ながら、太陽系の起源を探るうえでとても重要な天体です。その素顔を覗いてみましょう。

◎惑星になりそこなった星　〜 小惑星 〜

　太陽系のなりたちについては後で詳しく述べますが、太陽系の惑星は、太陽のまわりにできたガスと塵の円盤・原始太陽系円盤の中でつくられたと考えられています。塵が集まって**微惑星**という小天体になり、その微惑星が衝突・合体を繰り返して**原始惑星**となり、さらに合体するなりガスをまとうなりして**惑星**へと成長していきました。**小惑星**は、その微惑星の生き残りだとみられています。つまり惑星の材料であった小天体が、惑星になれないまま残された、惑星になりそこなった天体が小惑星なのです。

　太陽系のなりたちや惑星のでき方を解明するためには、惑星だけを調べていても実はダメです。なぜなら惑星は大きく成長した後の姿であり、その過程で表面がそれなりの深さまでドロドロに溶けてしまい、どのような物質からできたのかといった情報が残されていないためです*1。木星や土星などのガス惑星にも岩石などでできた核がありますが、分厚いガスに覆われているため手が届きません。そういった点では、小惑星はあまり変質をしていない、**太陽系誕生当時の物質をある程度保持している天体**だといえます。つまり小惑星は「太陽系の化石」とも呼べる天体なのです。

---

*1　地球はさらにプレートテクトニクスなどのせいで古い岩石があまり残されていない。

◎地球に衝突しそうな小惑星がある？

　小惑星は、その軌道によって大きく 3 つに分けることができます。

　1 つめは火星と木星の軌道のあいだにある「小惑星帯（メインベルト）」を公転するグループで、その名も**メインベルト小惑星**といいます。小惑星のほとんどがこのグループに属します。

　2 つめは木星などの惑星とほぼ同じ軌道を、角度で惑星の前 60 度、後ろ 60 度だけ離れて公転するグループで、トロヤ群小惑星といいます。太陽と惑星を結んだ線と 60 度をなす点（太陽 − 惑星 − ある点が正三角形をつくるような点）はラグランジュ点と呼ばれますが、その周辺を公転する小惑星たちです。

　3 つめは地球に近づく軌道を持つ小惑星で、**近地球小惑星**や地球近傍小惑星などといいます[*2]。「はやぶさ」が探査した小惑星イトカワや、「はやぶさ 2」が探査した小惑星リュウグウなどは、この近地球小惑星です。

　近地球小惑星の中には、地球の軌道と交差する軌道を持つものもあります。それらは地球と衝突する可能性があり、その中でもとくにその可能性が高い小惑星を「**潜在的に危険な小惑星**（PHA）」といいます。小惑星の地球への衝突は決して SF ではなく、現実に結構な頻度で起きています。

　2013 年 2 月 15 日には小惑星 2012 DA14 が地球に 2 万 7700 km まで接近し話題になりましたし、その直前にはロシアのチェリャビンスク州に小惑星（隕石）が落下し多くの負傷者が出ました。2024 年 4 月現在、**2388 個**の PHA が発見されていて、未発見のものも多くあるでしょう。そのため、世界各国で PHA を探す試みが進められています[*3]。

＊2　Near Earth Asteroids の略で NEAs とも、彗星なども含めた Near Earth Object の略で NEO ともいわれる。

＊3　日本でも岡山県井原市にある日本スペースガードセンターが日夜、観測を行っている。

小惑星の分布

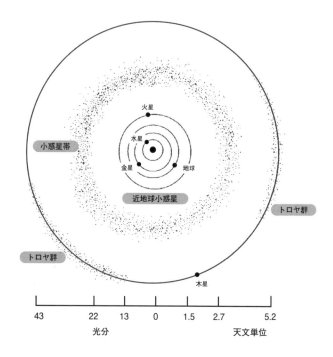

◎小惑星のかけら　〜隕石〜

　小惑星のかけらや小惑星そのものが地球に落下し、大気圏で燃え尽きずに地上まで到達したものが**隕石**です。隕石には、岩石からなる石質隕石、岩石と鉄が混ざった石鉄隕石、ほとんど鉄でできている鉄隕石（隕鉄）とがあります。石質隕石の中には、コンドルールという粒状の構造を持つコンドライトと呼ばれる隕石があり、母天体が熱による分化（天体が熱によって融けて重たい金属の層と軽い岩石の層とに分かれること）を経験していない、始原的な隕石だと考えられています。コンドライトのうち、炭素に富む炭素質コンドライトからはアミノ酸などの有機物が見つかっていて、生命の材料となる物質は、炭素質コンドライトによって地球に運ばれた可能性があるともいわれています。隕石は、地球生命誕生の謎を解く鍵でもあるのです。

　隕石は日本にもしばしば落下してきています。近年では 2018 年 9 月に愛知県小牧市の住宅に落下しましたし（小牧隕石）、2020 年 7 月 2 日未明には東京近辺で大火球が見られ、その翌日には千葉県習志野市で隕石が発見されています。直方神社にご神体として保管されている**直方隕石**は、世界最古の落下記録が残されている隕石といわれています[4]。世界的には、先に述べた、2013 年にシベリアに落下したチェリャビンスク隕石や、アミノ酸が検出されたマーチソン隕石、火星から飛来し微生物の痕跡のようなものが発見された ALH84001 などが有名でしょうか。

　全国の博物館や科学館の中には隕石を展示しているところも多く、中には触れられるところもありますので、機会があれば、ぜひ「手に取れる宇宙」である隕石を間近で見てもらいたいと思います。

---

[4]　落下したのは貞観 3 年(861 年)とされているが、寛延 2 年(1749 年)という説もある。

10 地球の水は彗星が運んできた？

地球の表面の約7割は海です。地球が「水の惑星」と呼ばれる
所以でしょう。地球に生命が誕生したのも海があってこそ。では、
太陽系にはほかに海を持つ天体はあるのでしょうか。

◎海を持つ条件

どのような天体であれば、海を持つことができるのでしょうか。
まず大切なのは、その天体の表面温度です。皆さんもご存知の通
り、水は0℃で凝固して固体＝氷になり、100℃で沸騰して気体
＝水蒸気になります。つまり寒すぎる天体や暑すぎる（熱すぎる）
天体では、水が液体として存在できないのです。太陽系において、
天体の表面温度はまず何よりも太陽からの距離によって決まりま
す。太陽に近すぎると暑く（熱く）水は蒸発してしまいますし、
太陽から離れすぎていると寒く水は凍りついてしまいます。つま
り、太陽からの距離がちょうどいい必要があるのです。この「ちょ
うどいい距離」にある円環状の領域を**ハビタブルゾーン**といいま
す。ハビタブルとは「生存可能な」という意味があります。太陽
系の天体のうち、ハビタブルゾーンに位置している惑星は地球だ
けだと考えられています（研究者によっては火星が入るという人もいま
す）。

◎大気の存在も重要

ところが、天体がハビタブルゾーンに位置していれば必ずしも
表面に海を持てるわけではありません。その証拠に、地球のまわ

太陽系のハビタブルゾーン

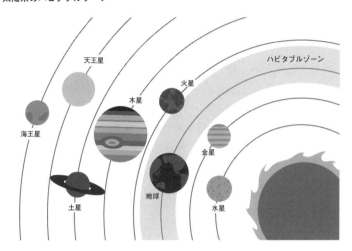

りを回っている月はハビタブルゾーンに位置しているにもかかわらず、表面に液体の水はいっさい見つかっていません。では、地球と月の違いとはなんでしょうか。答えは**大気の有無**です。実は水は、ある程度の圧力（大気圧）がないと液体になれません。氷から一気に水蒸気に変わってしまうのです。つまり、天体が表面に海を持つためには、ある一定量以上の大気が必要になります。そして天体が大気を持つためには、十分な質量が必要です。**月はその質量が小さいために大気を保持できず、それゆえに表面に液体の水が存在しない**のです。

　また大気の温室効果も重要です。地球はハビタブルゾーンに位置していますが、二酸化炭素などの温室効果ガスが大気中に存在

しないと表面の平均温度が−20度くらいになってしまいます。こう考えると、惑星が海を持つのに必要な条件は複雑で、一筋縄ではいかないことがわかるでしょう。

◎地下に海がある星たち

とはいえ、太陽系には地球以外に海を持つと考えられている天体がいくつもあります。

その代表格は木星の衛星**エウロパ**と土星の衛星**エンケラドゥス**です。これらの天体は表面が厚い氷に覆われていますが、その地下に液体の水（海）が存在していると考えられているのです。

では、木星や土星のように太陽から遠く離れた惑星の衛星に、なぜ液体の水が存在するのでしょうか。氷を融かして水にする熱源は何なのでしょうか。

その原因は潮汐力です。例えばエウロパの場合、木星の引力やエウロパの外側を回る衛星ガニメデやカリストの引力を受けてエウロパ自身の形が伸び縮みします。その結果、エウロパの内部で摩擦が起こり、熱が発生して氷が融け、海がつくられているのです。エウロパやエンケラドゥスでは実際に表面にある氷の割れ目から水蒸気が噴出する様子が観測されていて、とくにエンケラドゥスの場合は、噴出物の中に有機物が検出されています。地下の海の中の様子を直接探ることは未だ叶いませんが、生命の可能性という点でも、エンケラドゥスは非常に興味深い天体なのです。

◎海を運んだ星がある？

では、地球にある大量の水はどこから運ばれてきたのでしょうか。

　地球をつくった材料にもともと水が含まれていた可能性は十分にありますが、これらは地球がつくられる過程で衝突のエネルギーで蒸発し、水蒸気となって原始地球を覆ったのちに宇宙空間へ散逸してしまったと考えられています。つまり、**地球の水は地球がつくられた後に別の天体が運んできた可能性が高い**のです。

　地球に水を運んだ立役者として考えられているのは小惑星と彗星です。とくに**彗星はそのほとんどが水の氷でできている**ため、水の運搬役としては適任です。ところがこれまでの探査から、地球と彗星をつくる水では、水素の同位体比が異なることがわかってきました。両者の存在比が、地球の水と彗星の水とでは違っていたのです。

　一方、小惑星はどうでしょうか。小惑星のうちＣ型と呼ばれるタイプは水を多く含んでいることが知られていますが、その同位体の存在比は地球のそれと似ているのです。Ｃ型小惑星は小惑星帯の中でも多数派である、つまり数が多いことも大きなポイントです。つまり現時点では、小惑星、とくに**Ｃ型小惑星が地球の水の起源であると有力視されている**のです。

　日本の小惑星探査機「はやぶさ2」はＣ型小惑星である**リュウグウ**を探査しました。その表面のかけらを採取することにも成功し、2020年12月6日にかけらが入ったカプセルが地球に送り届けられました。その分析結果から、リュウグウに水や有機物（アミノ酸も！）が確認されています。地球の水の起源が彗星か小惑星か、決着がつく日もそう遠くないのかもしれません。

11 太陽系はどうやってできたの？

太陽系の惑星たちは、どのようにしてつくられたのでしょうか。
もちろん細部まで明らかになっているわけではありませんが、
ここではその大枠を眺めてみることにしましょう。

◎ **始まりはガスと塵の円盤**

太陽系は、誕生まもない太陽の周囲にできたガスと塵の円盤、
原始太陽系円盤の中でつくられました。塵の主成分は、太陽に近
い領域では岩石と金属、太陽からおおよそ３天文単位離れるとそ
れらに加えて氷が含まれるようになります[*1]。塵の大きさはマイ
クロメートルサイズです。

塵は太陽のまわりを回りながら円盤の中心面に落下していきま
す。そして主に電気的な力でくっつき合って成長し、微惑星と呼
ばれる直径十数 km 程度の小天体をつくります。微惑星は重力で
互いに引き合いさらに衝突と合体を繰り返して原始惑星へと成長

していきます。このとき、大きな
微惑星ほど強い重力で周囲の微惑
星を集め、速く成長していきます[*2]。
原始惑星は、ある程度大きくなる
と重力で周囲の微惑星を振り回し
てしまうため成長が鈍ります。ま
た重力による相互作用によって隣
どうし一定の間隔を保ちながら成
長していきます。

**アルマ望遠鏡が撮影した
原始惑星系円盤**

*1　この境界線を雪線、またはスノーラインという。
*2　これを暴走的成長、または寡占的成長という。

◎そして惑星へ

　ここから先は、太陽からの距離によって惑星までの道のりが変わります。

　太陽に近い領域では、原始惑星がつくられる頃になると太陽の光の圧力によって周囲のガスがすべて吹き払われてしまいます。ガスが失われその抵抗がなくなることによって原始惑星の軌道が乱れ、原始惑星どうしが衝突し、地球のような岩石惑星がつくられます[*3]。

　スノーラインより外側では氷が加わって塵の量が多くなるため、原始惑星もより大きくなります。地球ほどの質量にまで成長した原始惑星はみずからの重力で周囲のガスを取り込んでまとうようになり、木星のような巨大ガス惑星がつくられます。同時に惑星のまわりにも円盤が形成され、そこで衛星や環がつくられます。また木星がつくられたことで、その重力の影響ですぐ内側の微惑星は原始惑星へと成長できず、小惑星帯として残されることになりました。

　さらに太陽から離れた領域では、水だけでなく二酸化炭素やアンモニアも凍るため、氷の塵の量が相対的に増えます。そのため、原始惑星も氷が主体となります。太陽から離れれば離れるほど微惑星の公転速度は遅くなるため、原始惑星へ成長するまでに時間がかかります。ガスを取り込める質量を持つ頃にはこの領域のガスも多くが失われてしまい、ガスをあまりまとうことができませんでした。こうして天王星のような氷惑星がつくられます。そして惑星へと成長できなかった微惑星は、太陽系外縁天体として海王星の外側に残されることになりました。

＊3　水星や火星は原始惑星がそのまま残ったものである可能性もある。

◎太陽系がつくれない？

ここまで見てきた太陽系形成のシナリオは、大枠で正しいと考えられていますが、一方で様々な問題も指摘されています。

例えば、天王星や海王星が現在の位置でつくられたとすると、成長するまでの時間がかかりすぎて、円盤がつくられてから現在に至るまでの時間では足りないというのです。そこで、天王星や海王星は現在の位置よりも太陽に近いところでつくられ、その後、現在の位置まで遠ざかったという説が唱えられています。

また、**木星や土星も現在より太陽に近い位置でつくられ、かつ、いったん太陽に近づいたのちに反転して遠ざかった**という説があります。これは、火星の質量が地球の10分の1ほどしかないことを説明できます。

実は、先に紹介した太陽系形成のシナリオでは、シミュレーションの結果、火星の位置に地球の0.5〜1倍の質量を持つ大きな惑星ができあがるとされているのです。もし木星や土星が太陽系の内側へと移動したとすれば、その重力の影響で火星軌道付近の原始惑星が少なくなり、原始惑星が成長することはできません。この理論では、天王星や海王星も内側で誕生した後に反転してきた木星や土星に外側へと押し出されるため、両惑星の成長に時間がかかる問題もクリアできます。

ただ近年、多種多様な太陽系外惑星が発見されることで、それらの形成も太陽系と同じ理論で説明できるようにしなければならなくなりました。太陽系外惑星には、中心の恒星のすぐ近くを公転する巨大ガス惑星「ホットジュピター」や非常に長大な楕円軌道を公転する「エキセントリックプラネット」など、これまでのシナリオではつくれない惑星が多数発見されており、理論の構築は道半ばです。

太陽系のなりたち

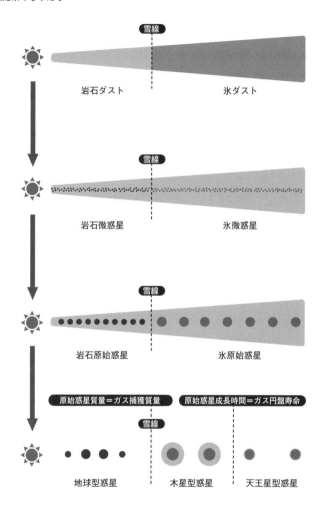

第4章

夜空の主役たち
〜恒星の世界〜

1 恒星は本当に動いていないの？

「恒なる星」と書く恒星は、常に動かない星とされています。「惑う星」惑星に対する言葉ですが、本当に動いていないのでしょうか。

◎恒なる星

恒星とは、そもそも惑星に対する呼び名です。時間とともに夜空を行ったり来たりし、まさに惑うように動く星である惑星に対し、恒星はその配列を変えることはありません。もちろん、地球の自転にともなって東から西へ動く日周運動や、地球の公転にともなって同じく東から西へ動く年周運動はしますが、それを、地球を覆う仮想的な球＝天球の回転によるものと考えれば、恒星はさも天球上に貼り付いているかのように見えます。

恒星の「恒」の字は「いつも変わらない」という意味がありますが、それは天球上での位置や並びを変えないということなのです。

◎星座の形が変わる？

私たちは毎年冬になれば夜空にオリオン座を見つけることができます。年によって、オリオン座の形が変わって見える、なんていうことはありません。あなたも、あなたのおじいさんも、何千年も前の星座をつくった人々も、同じ形のオリオン座を夜空に見上げていたはずです。星々の相対的な位置関係は、何年経っても変わらないように見えます。

　では、夜空の星たちは本当に動いていないのでしょうか。そんなことはありません。恒星も広い宇宙空間をそれぞれバラバラに動いています。ところが恒星はどれも地球から非常に遠くにあるので、数百年や数千年程度では、地球からその動きを見てとることができないだけなのです。うしかい座の 0 等星アークトゥルスは、動きが大きな星として知られていますが、それでも満月の直径分動くのに約 900 年もかかるのです*1。それでも、何万年、何十万年と経てば私たちがよく知っている星座やアステリズムの形も大きく崩れて見慣れないものになってしまいます。

北斗七星の形の変化

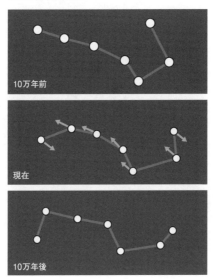

＊ | 　恒星も長い時間を経ればその位置を変えるという事実は、アークトゥルスの位置を
　　　過去の記録と比べることで明らかになった。発見者はハレー。

◎固有運動

　ところで、宇宙空間における恒星の動きの中で、私たちが天球上の動きとして認識できるのは接線方向（天球に平行な方向）の運動だけです。これを**固有運動**といいます。視線方向の運動は視線速度といって、光のドップラー効果を利用して調べることができます。固有運動と視線速度、両方わかって初めて宇宙空間における恒星の立体的な運動が明らかにできるのです[*2]。

恒星の運動と固有運動

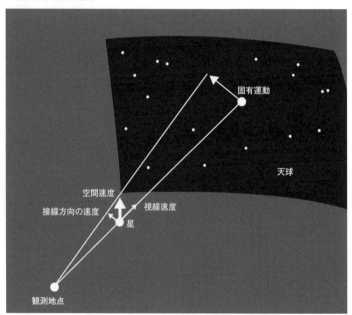

固有運動

天球

空間速度

接線方向の速度　　視線速度

星

観測地点

[*2]　もっとも固有運動が大きい恒星はへびつかい座のバーナード星。地球からの距離は約6光年。

　なお、固有運動は地球に近い恒星ほど大きくなる傾向にあります。これは、距離が近いほど星の動きが検出しやすくなるからです。また、太陽系にまっすぐ向かってくる。逆に遠ざかっていく恒星はどんなに速く動いていても固有運動は小さくなります。

◎銀河のはぐれ者

　天の川銀河をつくる星の中には、秒速数百 km という非常に大きな速度で運動しているものがあります（ほとんどの恒星は秒速 200 km 程度です）。それらは**超高速度星**（Hypervelocity Star：HVS）と呼ばれ、銀河の中心近くで誕生し、銀河中心に存在する超大質量ブラックホールの重力の影響で弾き飛ばされた星だと考えられています[*3]。その多くは天の川銀河の脱出速度を上回る速さで天の川銀河の中心から一直線に外へ飛び出すように運動しているため、いずれ天の川銀河を脱出し、二度と戻ってくることはないとみられています。

　逆に、他の銀河から飛び出した後に宇宙空間を進み続け、天の川銀河にやってきたと考えられる HVS も発見されています。それらの恒星を詳しく調べることができれば、遠方にあってなかなか個々に分解して観測できない他の銀河の恒星について知る手がかりが得られるかもしれません。

[*3] 初めて発見された HVS は、うみへび座にある SDSS J090745.0+024507。発見されたのは 2005 年のこと。

2 肉眼で見える恒星は何個あるの？

街中でも見えるくらい明るい星や、空が暗いところで肉眼でやっと見えるくらいの星など、夜空には様々な明るさの星があります。では、星の明るさはどのように決められているのでしょうか。

◎恒星の明るさの表し方

恒星の明るさは、「等級」を用いて表します。**明るさが1等級の星を1等星**、明るさが2等級の星を2等星というふうに呼びます。そして数が小さいほど明るい星であることを表します。1等星よりも明るい星は0等星、0等星より明るい星は−1等星とします。昼に見える**太陽は約−27等星**です。天文学の世界では、明るさを小数点以下の数字も用いて細かく表します。太陽の明るさは正確には−26.75等級です。**肉眼でかろうじて見える星は6等星**です（個人差があります）。

明るい星よりは暗い星のほうが数は多く、1等星（一般的に1等星よりも明るい星はすべて1等星とすることがあります）は全天で21個あります（惑星などは除く）。2等星は全天で67個、3等星は190個です。肉眼で見える恒星は全天で**約8600個**になります。

◎1等星は2等星の何倍明るい？

では、等級が1小さくなると（大きくなると）、明るさは何倍（何分の一）になるのでしょうか。そもそも、恒星の明るさを段階的に分類する方法を最初に使い始めたのはヒッパルコス[*1]だといわれています。当時は恒星の明るさを定量的に測ることはできな

---

*1　ヒッパルコス（B.C.190?〜B.C.120）、古代ギリシアの天文学者。

全天 21 個の 1 等星（数値は理科年表より）

星の名前	星座	明るさ	距離
シリウス	おおいぬ座	-1.5 等	8.6 光年
カノープス	りゅうこつ座	-0.7 等	309 光年
ケンタウルス座α星	ケンタウルス座	-0.3 等	4.3 光年
アークトゥルス	うしかい座	-0.0 等	37 光年
ベガ	こと座	0.0 等	25 光年
カペラ	ぎょしゃ座	0.1 等	43 光年
リゲル	オリオン座	0.1 等	863 光年
プロキオン	こいぬ座	0.4 等	11 光年
ベテルギウス	オリオン座	0.4 等	497 光年
アケルナル	エリダヌス座	0.5 等	140 光年
ハダル	ケンタウルス座	0.6 等	392 光年
アクルックス	みなみじゅうじ座	0.8 等	324 光年
アルタイル	わし座	0.8 等	17 光年
アルデバラン	おうし座	0.8 等	67 光年
アンタレス	さそり座	1.0 等	553 光年
スピカ	おとめ座	1.0 等	250 光年
ポルックス	ふたご座	1.1 等	34 光年
ファーマルハウト	みなみのうお座	1.2 等	25 光年
デネブ	はくちょう座	1.3 等	1424 光年
ミモザ	みなみじゅうじ座	1.3 等	279 光年
レグルス	しし座	1.3 等	79 光年

ケンタウルス座α星は 0.0 等星と 1.3 等星の連星系で、それぞれを別個に数えると 1 等星の数は全天で 22 個となる。

かったため、目安としてもっとも明るく見える恒星を1等星、肉眼でかろうじて見える明るさの恒星を6等星と決めました。その後、19世紀になってジョン・ハーシェル*²が、1等星は6等星の約100倍の明るさであることを発見します。そこで、同時代にポグソン*³が、等級が5等級変化するごとに明るさが100倍になる、と定義しました。ここから計算をすると、**1等級の差が約2.512倍**であることがわかります。

　ただ、これでは恒星間の相対的な明るさの差が求まるだけです

1等級と6等級の明るさの違い

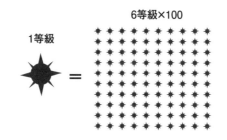

等級ごとの明るさの違い

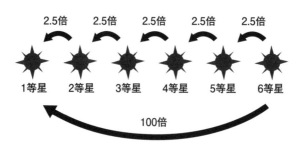

＊2　ジョン・ハーシェル（1792-1871），イギリスの天文学者。父は天王星の発見者ウィリアム・ハーシェル。
＊3　ノーマン・ロバート・ポグソン（1852-1942），イギリスの天文学者。

から、個々の恒星の明るさを決めるためには、その基準となる恒星が必要となります。例えば 1953 年には、北極系列と呼ばれる、天の北極付近の 6 個の星の明るさから V 等級[*4] の原点が決められています。

◎見かけの明るさと真の明るさ

恒星の明るさは距離に依存し、夜空に見える恒星の中には、近くて明るく見えているだけの平凡な明るさの星もあれば、実際は非常に明るいにもかかわらず地球から遠いために暗く見えている星もあります。つまり、恒星本来の明るさ（真の明るさ）を比べるためには、地球から恒星までの距離を等しくして考える必要があります。そこで用いられるのが**絶対等級**です。絶対等級は恒星の距離が地球から 32.6 光年と仮定したときの明るさで、それを計算することで、恒星どうしの真の明るさを比較することができます。**恒星の明るさは、地球からの距離が 2 倍になると明るさが 4 分の 1 になる**という性質があります[*5]。つまり、恒星までの距離がわかっていれば、そこから絶対等級を求めることができるのです。

地球にもっとも近く、そのために強烈な明るさ（見かけの明るさが約 −27 等級）で見える**太陽の絶対等級は約 4.8 等級**です。同様に、夜空に見えるもっとも明るい恒星、おおいぬ座のシリウス（見かけの明るさが −1.46 等級）の絶対等級は 1.4 等級、シリウスに次いで明るく見える恒星であるりゅうこつ座のカノープス（見かけの明るさが −0.74 等級）の絶対等級は −5.6 等級です。ここから、シリウスがより地球に近く、カノープスがより地球から離れていることがわかります[*6]。

＊4　緑色から黄色の波長域の光を透過するフィルターを通して測った星の明るさ。
＊5　これを逆二乗の法則という。
＊6　実際の地球からの距離はシリウスが 8.6 光年、カノープスが 310 光年。

3 なぜ星には色の違いがあるの？

夜空には様々な色の星があります。赤っぽい星、青っぽい星、白い星……。これらの星の色はいったい何を表しているのでしょうか。

◎恒星の色が表すもの

恒星を注意深く観察すると、それぞれ色が異なることがわかります。その色の違いは、**表面温度の違い**の表れです。そして、違和感を覚えるかもしれませんが、**青っぽい恒星ほど表面温度が高く、赤っぽい恒星ほど表面温度が低く**なります。例えば太陽は表面温度が約 6000 K の黄色い星の仲間で、オリオン座のベテルギウスは表面温度が約 3000 K の赤い星の仲間になります。

恒星はある 1 つの色の光だけを放っているわけではありません。様々な色の光をいっぺんに放射しています。赤っぽい星は赤い光をもっとも強く放射しているために赤く見え、青っぽい星は青い光をもっとも強く放射しているために青く見えるのです。

また、星の光り方には 2 つの性質があります。すなわち、**①高温の星ほどもっとも強く放射している光の色が青っぽくなる**（光の波長が短くなる）、**②高温の星ほど放射する全エネルギー量が大きくなる（明るくなる）**の 2 つです[1]。このことから高温の星は青っぽく見え、また全体的に放射量が多い明るい星ということになります。

では、オリオン座のベテルギウスやさそり座のアンタレスは赤っぽい星であるにも関わらず、なぜ明るいのでしょうか。それ

[1] このような光の出し方を黒体放射という。

は、非常に大きい星だからです。**恒星の明るさは、温度が２倍になると16倍に、半径が２倍になると４倍になります**。ゆえに温度が高い青っぽい星は明るく見えるわけですが、温度が低いにもかかわらずそれに負けないくらい明るくなるためには、よほど恒星が大きくないといけません。ベテルギウスもアンタレスも、直径が太陽の数百倍もある巨大な星なのです。

◎恒星の「指紋」

　太陽の光をプリズムに通すと虹の７色に分かれます。同じように、恒星からの光を色に分けて、色ごとにその強さを測ったものを**スペクトル**といいます。スペクトルを調べることで、その恒星の様々な情報を引き出すことができます。恒星の温度も、スペクトルを見てどの色の光をもっとも強く放射しているかを調べることで、求めることができるのです。

　恒星のスペクトルを見ると、ところどころに暗い線が入っているのがわかります。これは吸収線と呼ばれ、恒星の大気に含まれる元素によって恒星からの光が吸収され、弱まっているために暗く見えているものです。つまり、吸収線を調べることで、恒星大気にどのような元素が含まれているかを調べることができます。そして、恒星は色（表面温度）によってそのスペクトルの特徴（吸収線のパターン）が異なります。スペクトルの特徴によって恒星を種類分けしたものをスペクトル型といいます。高温の青い星はＯ型、やや高温の青白い星はＢ型、低温の赤い星はＭ型とＯ、Ｂ、Ａ、Ｆ、Ｇ、Ｋ、Ｍ型に大別されます[*2]。太陽はＧ型星です。

＊２　このスペクトル型の順を覚える語呂合わせに、"Oh Be A Fine Girl Kiss Me!" というのがある。

太陽のスペクトル

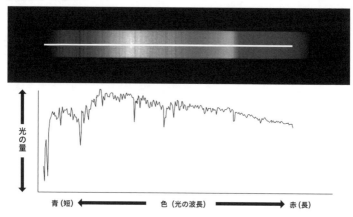

◎ **色と明るさからわかること**

　恒星の色と明るさ（絶対等級）の関係を図にしたものを**ヘルツシュプルング・ラッセル図**（HR図）といいます。これを見ると、多くの星が左上から右下へと列をつくって分布していることがわかります。このことは、表面温度が高い青っぽい恒星ほど絶対等級が明るいことを示しています[*3]。この列に属する恒星を**主系列星**と呼んでいます。一方で、温度が低い赤っぽい恒星であるにもかかわらず、絶対等級が非常に小さな明るい星のグループもあります。これが先に述べたベテルギウスやアンタレスの仲間で**赤色巨星**といい、恒星の直径が大きいがゆえに低温でも明るく輝いている星たちです。また温度が高い青っぽい星であるにもかかわらず絶対等級がかなり大きい暗い星たちのグループもあります。これは直径が非常に小さいためで、**白色矮星**と呼んでいます。

＊3　まさに星の光り方の特徴＝黒体放射そのもの。

162

　スペクトル中の吸収線を詳しく見ると、その恒星が主系列星な
のか巨星なのかを区別することができます。スペクトル型も当然、
観測からわかりますから、それらから HR 図上でのその恒星の位
置がわかることになります。するとスペクトル型からその恒星の
絶対等級が推測できることになります。絶対等級がわかるという
ことは、その恒星の見かけの明るさと合わせることで、恒星まで
の距離を求めることができます。恒星までの距離の求め方は後で
述べますが、このように星の色と明るさから求めることもできる
のです。

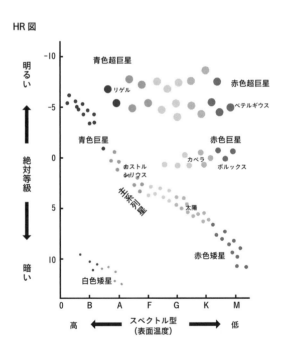

HR 図

4 宇宙での「距離」はどうやって測るの?

> 夜空に貼り付いているように見える星々は、なかなか私たちの
> 目にはその遠近がわからないものです。夜空に輝く星たちは、
> どのくらい彼方にあるのでしょうか。

◎宇宙における距離の表し方

　宇宙は実に広大です。地球にもっとも近い天体である月でさえ約38万km彼方にあり、母なる星・太陽までは約1億5000万kmもあります。太陽系の中でさえ数億km、数十億kmという距離感ですから、そのさらに外側、恒星までの距離となると、まさに天文学的数字になってしまいます。そのため、宇宙において距離を表す場合は「km」ではなく別の単位を用いることがほとんどです。

　よく使われる距離の単位が「光年（light year：ly）」です。年という漢字が入っていますが時間の単位ではなく距離の単位です。光が1年間かけて進む距離を1光年と定義します。光は宇宙でもっとも速く伝わり、その速さは秒速30万kmで、1秒間で地球を7周半できるほどです（実際には光は直進するので地球のまわりを回れませんが）。光が1年間かけて進む距離は、約9兆4600億kmになり、およそ10兆kmと考えればよいでしょう。

　太陽系の中などでは、天文単位（astronomical unit：au）と呼ばれる単位がしばしば用いられることは前述しましたが、1光年は約6万3000天文単位です。

◎太陽系の近くの星たち

　現在、太陽にもっとも近い恒星は、ケンタウルス座 α 星の伴星プロキシマ・ケンタウリで、地球からの距離は約 4.24 光年です。この星は 11 等星とたいへん暗く、残念ながら肉眼では見ることができません。プロキシマ・ケンタウリは約 2 万 7000 年後には 3.11 光年まで近づくと考えられています。

　ほかにも有名な恒星としては、おおいぬ座のシリウス (8.6 光年)、こいぬ座のプロキオン (11.46 光年)、わし座のアルタイル (16.73 光年)、こと座のベガ (25.04 光年)、みなみのうお座のフォーマルハウト (25.13 光年) などがご近所の恒星といえるでしょう。

　私たちが夜空に肉眼で見える恒星のほとんどは、太陽から数百光年以内の星たちです。おとめ座のスピカは約 250 光年、オリオン座のベテルギウスは約 500 光年、同じくオリオン座のリゲルは約 860 光年です。21 個の 1 等星の中でもっとも地球から遠いのははくちょう座のデネブで、その距離は約 1400 光年と考えられています。そんなに遠方にあるにもかかわらず、ベガやアルタイルなどと比べても遜色ない明るさに見えるということから、いかに絶対等級が明るいかがわかります。

◎恒星までの距離の求め方

　それでは、恒星までの距離はどのように求めるのでしょうか。基本となるのは三角測量と同じ、視差を用いた方法です。視差とは、見る位置の違いによって目標の見える方向 (角度) が異なることをいいます。ではここで、皆さんも視差を体感してみましょう。片方の手の人差し指を立てて、その腕をいっぱいに伸ばしてください。そして、まずは左目をつぶり右目だけで立てた指先を

見ます。その後、腕を動かさないように注意しながら、今度は右目をつぶり左目だけで同じ指先を見ます。すると、指先が動いて見えるでしょう。この見える方向の違いが視差です。続いて腕を曲げて指先を目に近づけて同じことをしてみましょう。すると右目で見たときと左目で見たときの見える方向の違いがより大きくなったと思います。つまり視差は目標までの距離が近ければ大きく、遠ければ小さくなります。反対に、観測する2地点のあいだの距離（ここでは両目の間隔）と視差の大きさ（角度）がわかれば、目標までの距離を計算することができます。これが三角測量の原理です。

　恒星までの距離を求めるには、右目と左目の間隔程度の距離ではとても視差を検出することはできません。そこで地球の公転を利用します。ある時点で恒星の位置を詳しく観測し、半年後、地球が太陽のまわりを半周したのちに、もう一度同じ恒星の位置を詳しく観測します。すると、視差が生じるはずです。地球と太陽のあいだの距離はわかっていますから、視差の大きさを測ることで、その恒星までの距離が求められるというわけです。

　ところが、この年周視差は非常に小さく、太陽にもっとも近い恒星系のケンタウルス座α星ですらその大きさは 0.67 秒しかありません[1][2]。

　地上での観測では地球大気のゆらぎのせいで恒星の位置を精密に測定することが困難です。そのため、現在では宇宙空間に年周視差測定専用の望遠鏡を打ち上げて恒星までの距離を求めています。それでも年周視差で距離が測れるのは数千光年程度が限界で、広い宇宙のほんの片隅までしか届きません。さらに遠方の恒星や天体までの距離は、別の方法を使って求める必要があるのです。

----

*1　秒は角度の単位で、1秒は3600分の1度。
*2　初めて年周視差が測定された恒星ははくちょう座 61 番星で 1838 年のこと。その値は約 0.29 秒。

　なお、天体までの距離の単位としてパーセク（pc）を用いることがあります。年周視差が 1 秒角になる距離が 1 パーセクで、1パーセクは約 3.26 光年です。

年周視差

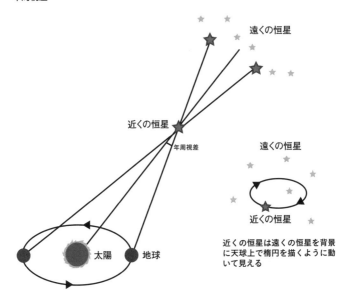

近くの恒星は遠くの恒星を背景に天球上で楕円を描くように動いて見える

5 恒星の明るさって変わるの？

夜空でいつも変わらぬ輝きを放つ恒星。しかし、長いタイムスケールでよくよく観察を続けると、明るさが変わっている星たちが少なからずあるのです。

◎明るさが変わる星　〜 変光星 〜

恒星の中には、規則的か不規則的かは別にして、時間とともに明るさを変える星がいくつもあります。これらを**変光星**といい、様々なタイプのものがあります。代表的な変光星の種類として、ここでは食変光星と脈動変光星を紹介しましょう。

食変光星は、２つの星が互いのまわりを回り合い、隠し合うことで明るさが変わるタイプの変光星です。つまり恒星自体の明るさが変わるわけではありません。主星と伴星がともに見えているときがもっとも明るく、伴星が主星を隠して暗くなる主極小と、主星が伴星を隠してやや暗くなる副極小とがあります。食変光星

食変光星の明るさが変わる様子

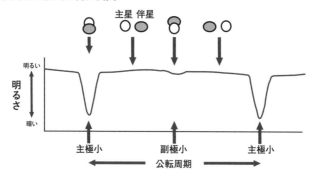

は必ず連星系となっているため、食連星とも呼ばれます。有名な食変光星に、ペルセウス座のアルゴルやこと座の β 星（シェリアク）があります。

脈動変光星の明るさが変わる様子

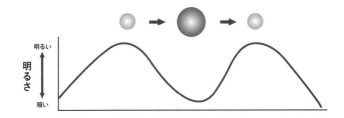

脈動変光星は、恒星全体が膨らんだり縮んだりして、また恒星の一部が膨らんだり縮んだりして形が変わって明るさが変わるタイプの変光星です[*1]。前者の場合、もっとも明るくなるのは恒星が縮んでもっとも小さくなった直後で、これは小さくなったときのほうが、表面温度が上がるためです。有名な脈動変光星にくじら座のミラやケフェウス座の β 星（アルフィルク）があります。

◎**変な星たち大集合**

　食変光星や脈動変光星のほかにも、変光星には多くの種類があります。

　例えば、恒星の外層や大気中で爆発が起こって明るさが変わる星があり、これらを**爆発型変光星**といいます。星の赤道のまわりにガスのリングができたり消えたりして明るさが変わるカシオペ

＊１　前者を動径脈動、後者を非動径脈動という。

ア座γ型変光星や、恒星の大気（彩層）で発生したフレアによって急に明るくなる閃光星などがあります。中には、炭素の塵に覆われることで一定期間暗くなる、かんむり座R型変光星と呼ばれる種類の星もあります。まるでタコが墨を吹き出して姿をくらませるようですね。また巨大黒点が生じるなど恒星表面の明るさの分布が一様でない、星の形状が球体ではなく楕円体状である、などの理由から星の自転によって明るさが変わる変光星もあり、**回転変光星**といいます。

　短期間で極端に明るくなり、その後ゆっくりと暗くなっていく**激変星**と呼ばれる変光星もあります。激変星の中には、白色矮星と赤色巨星の連星で、赤色巨星から白色矮星に向かってガスが流れ込み、白色矮星に降り積もったガスが核反応を暴走させて爆発して輝く新星や、質量が大きな恒星がその一生の最期に引き起こす大爆発である超新星などがあります[*2]。

◎宇宙の灯台

　変光星の中には、宇宙における距離測定の基準となる、宇宙の灯台のような役割を果たす星もあります。例えば脈動変光星の一種ケフェウス座デルタ型変光星（ケファイド）は、変光周期と絶対等級のあいだに相関があって[*3]、変光周期を測るだけで絶対等級を求めることができます。絶対等級がわかれば、見かけの明るさからその星までの距離を求めることができるというわけです。また Ia 型と呼ばれる超新星も、その爆発のメカニズム的に絶対等級がどれも等しいことが知られています。つまり、見かけの等級を測ってその絶対等級と比べるだけで、その超新星までの距離が求められるというわけです。

[*2]　超新星はスペクトル中に水素の吸収線があるかないかでⅠ型とⅡ型に分けられ、Ⅰ型はさらにⅠa、Ⅰb、Ⅰc型などに、Ⅱ型はさらにⅡPやⅡL型に分けられる。

[*3]　これを周期－光度関係という。

6 恒星の寿命はどのくらいなの？

永遠の輝きを持っているかに見える恒星ですが、実は人間と同じように誕生から死までの一生があります。恒星はどのように生まれ、そして死んでいくのでしょうか。

◎恒星の誕生

恒星は宇宙に浮かぶ「ガスの雲」の中で生まれます。その雲は非常に低温で水素分子や一酸化炭素分子、その他の有機分子、塵からできています。しばしば背景の星の光を遮って**暗黒星雲**として観測されます。分子雲はやがて自身の重力により収縮し、分子雲コアと呼ばれる密度が高い領域をつくります。そこでさらにガスが集まり密度が高まることで温度が上がり、やがて中心部で核融合が始まり一人前の恒星（主系列星）となるのです。

中心部で核融合反応を起こせるようになるまでは、ガスが中心部へ落ち込むときに重力エネルギーを解放して星は輝きます。この段階を**原始星**といいます。原始星は濃いガスと塵に覆われているため、可視光では見ることができません。また多くの場合、双極分子流と呼ばれる高速の分子ガスの流れを両極方向に放出しています。

原始星が進化して周囲のガスや塵が少なくなると、可視光でも観測されるようになります。この段階が**Ｔタウリ型星**です。Ｔタウリ型星も両極方向にガスを放出していて、光学ジェットと呼ばれます。またＴタウリ型星の多くは周囲にガスと塵からなる円盤を持っています[1]。

---

[1] これを原始惑星系円盤といい、そこで太陽系のような惑星系がつくられる。

ここまでの流れは、主に質量が太陽の2倍以下の恒星の場合です。

◎壮年期から老年期へ

　中心核で水素の核融合反応を起こし、みずからの重力による収縮と中心部で生み出されたエネルギーによる放射圧とがつり合って自身の形と大きさを維持している天体が**主系列星**です。いわゆる一人前の恒星で、恒星は一生の大部分を主系列星として過ごします。そのため**主系列星でいられる長さを恒星の寿命**とみなします。恒星の寿命は質量の2〜3乗に反比例します。つまり、意外に思われるかもしれませんが**質量が大きな恒星ほど寿命は短い**のです。太陽は100億年ほど輝き続けることができますが、太陽の2倍の質量を持つ恒星は十数億年、太陽の10倍の質量を持つ恒星は1000万年ほどしか輝き続けることができません。

　核融合反応によって中心核の水素は消費されヘリウムが溜まっていきます。この段階ではヘリウムは核融合を起こせないため、その外側の殻状の領域で水素の核融合反応が進んでいきます。エネルギーを生み出せない中心部は収縮し、一方で外層は大きく膨らんで表面温度が下がり赤くなります。これを赤色巨星といいます。つまり赤色巨星は老年期に差し掛かった星といえるのです。その後、中心核の温度が1億Kを超えるとヘリウムが核融合反応を起こします。すると恒星の外層は収縮に転じ、表面温度も上昇して再び安定して輝くようになります。中心核では、ヘリウムの核融合反応の結果炭素や酸素がつくられて溜まり、今度はそれらからなる核が成長していくことになります。

◎質量が小さな恒星の最期

そもそも質量が太陽の約 0.46 倍未満の恒星は赤色巨星へと進化することができません。重力が弱いためにヘリウム核が収縮できず、外層の水素は宇宙空間へと広がっていってしまいます。残された中心部は余熱で輝く白色矮星となり、徐々に冷えていってついには光らなくなり死を迎えます。しかし、そうなるまでには 500 億年以上もかかるため、現在の宇宙が 138 億歳であることを考えると、このようにして一生を終えた恒星はまだ存在していないはずです。

質量が太陽の 0.46 倍以上 8 倍未満の恒星は、中心部でヘリウムの核融合反応の結果、中心部に炭素や酸素が溜まっていきます。中心核のヘリウムが使い果たされると、その外側の殻状の領域でヘリウムの核融合が進み、恒星の外層は再び膨張し、静かに恒星から離れていきます。こうしてつくられたのが**惑星状星雲**です。こぎつね座のアレイ状星雲 M 27 やこと座のリング星雲 M 57 などが有名です。炭素と酸素でできた中心部は白色矮星となります。

◎質量が大きな星の最期

質量が太陽の 8 倍以上の星は、さらに炭素や酸素からネオンやマグネシウムを、ネオンやマグネシウムからケイ素を、ケイ素から鉄をつくる核融合反応が進みます。一方、外層はますます膨張し、赤色巨星よりも巨大な赤色超巨星となります。質量が太陽の 40 倍以上もある恒星は、外層が膨張する過程で強い恒星風[*2]によって外層が失われ、高温の内部が露出した青色巨星となります。これをウォルフ・ライエ星といいます。

鉄はもっとも安定した原子核なので、恒星の中心部に鉄の核がつくられた段階で、これ以上核融合を進めることができなくなります。

＊2　一般の恒星の太陽風にあたるもの。

非常に高密度になった中心核では鉄の原子核が分解し、電子が陽子に吸収されて中性子となり、恒星の中心部には中性子の核がつくられます。中性子は電気的な反発力を持たないため、核は一気に収縮し**中性子星**となります。すると恒星の外層をつくるガスも中心に向かって急激に落下し、中性子星の表面で止められてその反動で恒星は大爆発を起こします。これが**II型超新星爆発**です[*3]。爆発によって吹き飛ばされたガスは超新星残骸として観測されます。おうし座のかに星雲 M 1 やはくちょう座の網状星雲 NGC 6960 などが有名な超新星残骸です。

　なお、質量が太陽の 40 倍以上の恒星の場合、非常に強い重力によって中心核の中性子星ですらつぶれます。こうなると収縮を押し留めるものは何もないため中心核は永遠に縮み続け、**ブラックホールが**つくられます。

星の一生の模式図

※ M◦ は太陽質量を表す

---

*3　ウェルフ・ライエ星の場合は、Ⅰb型やⅠc型の超新星爆発を起こす。

7　ブラックホールってどんな天体なの？

何でも吸い込んでしまう恐怖の天体というイメージが強いブラックホール。実在するわけですが、いったいどんな天体なのでしょうか。

◎ブラックホールとは何か

　ブラックホールは、一言でいうと、**極限までつぶれた非常に高密度な天体**です。そのため重力が非常に強く、脱出速度[*1]が光速を超えてしまいます。つまり、光すら出てこられない「真っ黒な天体」、それがブラックホールなのです。とはいえ、重力の強さは距離の二乗に反比例して弱まっていきますから、ブラックホールからある程度離れさえすれば吸い込まれることはありません。ブラックホールの重力に捕まり光の速さでも脱出できなくなる範囲を事象の地平面（イベントホライズン）といいます。つまり、ブラックホールとは、事象の地平面で囲まれた領域のことを指すのです。中心から事象の地平面までの距離をシュヴァルツシルト半径といいます。もし太陽がブラックホールになった場合シュヴァルツシルト半径は3km、地球がブラックホー

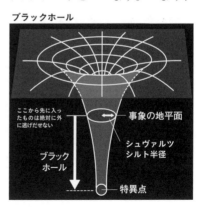

ブラックホール

ここから先に入ったものは絶対に外に逃げだせない

ブラックホール

→ 事象の地平面

シュヴァルツシルト半径

特異点

---

　*1　その天体の重力を振り切って宇宙空間へ飛び出すのに必要な速度。

ルになった場合シュヴァルツシルト半径はたった9mmです。

　ブラックホールのような天体の存在は18世紀頃から予言されていました。現代的なブラックホールの理論研究は、シュヴァルツシルト[*2]が一般相対性理論のアインシュタイン方程式を解いたことに始まります。ブラックホールの存在を初めて理論的に提唱したのはチャンドラセカール[*3]です。

◎恒星質量ブラックホールと超大質量ブラックホール

　ブラックホールは、その質量によって恒星質量ブラックホールと超大質量ブラックホール、中間質量ブラックホールに分けられます。

　恒星質量ブラックホールは、質量が太陽の数倍から数十倍のブラックホールです。天の川銀河ではすでに数十個の恒星質量ブラックホールが発見されていて、1つの銀河では1兆個を超えるともいわれています。恒星質量ブラックホールは太陽の40倍以上の質量を持つ恒星が最期を迎えたときにつくられます。

　超大質量ブラックホールは、質量が太陽の数百万倍から数百億倍のブラックホールです。ほとんどの銀河の中心には超大質量ブラックホールが存在することが明らかにされていて、天の川銀河の中心には質量が太陽の400万倍もの超大質量ブラックホールがあります。超大質量ブラックホールがどのように生まれたのかはよくわかっていません。恒星質量ブラックホールが合体を繰り返すことでつくられるとも考えられていますが、それでは時間がかかり過ぎてしまうともいわれています。また渦巻銀河の中心部(バルジ)や楕円銀河全体の質量が大きければ大きいほどその銀河の中心にある超大質量ブラックホールの質量も大きいという関係が

＊2　カール・シュヴァルツシルト（1873-1916），ドイツの天文学者。
＊3　スブラマニアン・チャンドラセカール（1910-1995），アメリカの天文学者。

知られ*4、超大質量ブラックホールの形成に関係があると考えられていますが、詳しいことは明らかにされていません。

　恒星質量ブラックホールと超大質量ブラックホールの中間的な質量（太陽の数千〜数万倍）を持つブラックホールが**中間質量ブラックホール**です。恒星質量ブラックホールと超大質量ブラックホールをつなぐ天体だと考えられていますが、その存在は長らく確認されていませんでした。初めて中間質量ブラックホールが確認されたのは2012年のことです。

◎ブラックホールは見える？

　光さえ脱出できない「真っ黒な天体」であるブラックホールは、どのようにすれば発見することができるのでしょうか。

　恒星とブラックホールが連星をなしている場合、恒星の外層のガスがブラックホールの重力によって引き寄せられ、ブラックホールの周囲にガスの円盤（降着円盤）をつくります。ガスは回転しながらものすごい速さでブラックホールへと落ちていきますが、ブラックホールに近づけば近づくほどガスの速さが速くなるため、ガスが摩擦によって熱せられX線を放射するようになります。またブラックホールは非常にコンパクトな天体ですから、放射されるX線の強度が極めて短時間で変化します。つまり**強いX線を放っていて、その明るさが短時間で変化している**ことがわかれば、その発生源である天体がブラックホール（恒星質量ブラックホール）である可能性が強いのです。初めて発見されたブラックホール候補天体の1つであるはくちょう座X–1は、こうして発見されました。

　天の川銀河の中心にある超大質量ブラックホールは、初めは電

＊4　これをマゴリアン関係という。

波源いて座Aとして発見されました。いて座 A を高い分解能で観測できるようになると3つの領域からなることがわかり、そのうち電波で点状に輝く天体いて座 A* が、周囲にいて座 A* に落ち込むガスの流れがあること、周辺の恒星の運動から明らかになった質量が非常に大きいこと、といった理由から超大質量ブラックホールであると考えられるようになりました。

　天の川銀河以外の銀河の中心にある超大質量ブラックホールは、初めはクェーサーとして観測されました。クェーサーは、恒星のように見えるにもかかわらず非常に遠方（地球からの距離が数億〜数十億光年）にあって強力な電波を放っている天体です。その正体は、非常に活動的な銀河の中心部（活動銀河核）で、その電波のとてつもない強さと時間変動の短さから、電波を発するエネルギー源は超大質量ブラックホール以外にありえないとされたのです。天の川銀河の近くの銀河でも、銀河の中心部分の星々の運動の測定で結果から銀河の中心部に質量が集中していることがわかり、超巨大ブラックホールの存在が示唆されるようになりました。

　さらに 2022 年 5 月には、EHT が撮影した天の川銀河の中心にある超大質量ブラックホールの影の画像が公開されました。我々人類は、ついにブラックホールの姿を直接 " 見る " ことに成功したと言えるでしょう*5。

＊５　解析結果には異論もあり、これから議論が進められる。

8 恒星にも兄弟がいるの?

人間の場合は双子や三つ子は少数派ですが、動物では五つ子や六つ子が当たり前な種も多いですね。では、恒星はどうなのでしょうか。恒星にも「兄弟」はいるのでしょうか。

◎見かけの重星と連星

夜空には、肉眼ではただ1つにしか見えないものの、望遠鏡で覗くと2つの星が並んで見える星があります。これらを**二重星**といいます（三重星や四重星もあります）。二重星の中には、たまたま2つの星が同じ方向に見えているだけの見かけの二重星と、2つの星が互いのまわりを回りあっている連星とがあります。見かけの二重星の場合、それぞれの恒星のあいだに何の関係性もありませんが、連星の場合はほぼ同時に同じガス雲から生まれた兄弟、しかも双子の関係にあるといえます。

見かけの二重星（左）と連星（右）

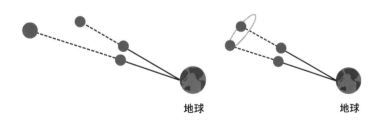

地球　　　　　　　　　　　　地球

連星は、恒星の運動を詳しく調べることでそれぞれの恒星の質量を求めることができるなど、天文学において重要視されています。恒星の半数以上は連星だと考えられていて、中には3つ以上の恒星からなる多重連星もあります[*1]。

　連星には、望遠鏡で重星として観測される**実視連星**、恒星からの光を分光して初めて連星と確認できる**分光連星**、地球から観測すると互いに隠し合って明るさが変化して見える**食連星**など、いくつかの種類があります。

　二重星が連星か否かを判断するのは難しく、はくちょう座の3等星アルビレオのように見かけの二重星か連星かの判断が長年つかなかったものもあります（位置天文衛星ガイアの観測結果から現在は見かけの二重星であるという説が有力視されています）。また連星は必ずしも恒星どうしのペアとは限らず、片方が白色矮星や中性子星、ブラックホールであることもありますし、白色矮星どうしや中性子星どうし、ブラックホールどうしの連星も発見されています。

◎**激しい連星の世界**

　天体現象の中には、連星だからこそ生じるものがいくつかあります。

　恒星と白色矮星が近接連星をつくっていると、恒星の外層の水素ガスが白色矮星に向かって流れ出し、白色矮星のまわりにガスの円盤（降着円盤）をつくり白色矮星の表面に降り積もっていきます。白色矮星は強い重力を持つため、水素ガスは大きな運動エネルギーを持って落下していき、高温になると同時に圧縮されて密度が上がります。すると白色矮星の表面で水素の核融合反応が暴走し、表面全体で爆発して明るく見えるようになります。このよ

[*1]　例えばふたご座の2等星カストルは6連星、ぎょしゃ座のカペラ、しし座のレグルスは4連星。

うな現象を **新星** といいます。また白色矮星の質量が降り積もった
ガスによって増大し、白色矮星をつくる炭素が核融合反応を暴走
させて大爆発を起こす Ia 型超新星と呼ばれる現象もあります[*2]。

　連星はやがて互いに近づき衝突・合体することもあります。
2015 年にはブラックホールどうしの衝突・合体にともなう重力
波が初めて検出され、ブラックホール連星の存在が明らかにな
りました。2017 年には中性子星どうしの衝突・合体による重力
波とキロノバと呼ばれる爆発現象も確認されています。恒星どう
しが衝突・合体を起こすと高輝度赤色新星（LRW）と呼ばれる爆
発現象を起こすと考えられていて、2002 年にいっかくじゅう座
V838 星が急激に明るくなった現象はこれだと考えられています。
衝突・合体が予測されている星もあり、例えば、恒星と白色矮星
の連星であるや座 V 星が合体し 2083 年に金星に匹敵する明るさ
で輝く可能性が指摘されています。実際に合体を経験したであろ
う星も知られていて、最新の研究によるとオリオン座の 1 等星ベ
テルギウスはかつて連星で伴星を飲み込んだ可能性が指摘されて
いますし、ぎょしゃ座にある白色矮星 WDJ0551 ＋ 4135 は平均的
な白色矮星の 2 倍の質量を持ち、2 つの白色矮星が合体した結果
つくられたと考えられています。

◎恒星は大家族？

　恒星は同じガス雲から時期を同じくしていくつも生まれます。
例えばオリオン座にある有名な星形成領域であるオリオン大星雲
の中には、質量が大きいものから小さいものまで様々な恒星が誕
生していることが明らかにされています。そのため生まれてから
あまり時間が経っていない星々は互いに近くに位置し、集団をつ

　[*2]　Ia 型超新星の起源は白色矮星どうしの衝突という説もある。

くっています。このような星の集団を**散開星団**といいます。連星の星たちが双子であるとするならば、散開星団をつくる星々は互いに兄弟の関係にあるといえるでしょう。散開星団をつくる星の数は数十〜数百個。つまり恒星は、とても兄弟が多い大家族だったのです。

　散開星団をつくる星々は、やがてバラバラに離れていってしまいます。そのため、星団の体をなしているということは、星団に属している星たちは比較的若いはずです。恒星は質量が大きいほど寿命が短いわけですから、星団中のどのくらいの質量の星までが主系列星から離れて赤色巨星へと進化しているかどうかを調べることで、その星団（と星団をつくる星々）の年齢を求めることができます。例えば有名な散開星団であるプレアデス星団は1億3000万歳だとみられています。

　生まれてから時間が経って散り散りになってしまい、空間的なまとまりを持った星団としては認識されないものの、恒星の運動や年齢、化学組成などが似通っている星の集団を運動星団といいます。もっともよく知られている運動星団は北斗七星のほとんどの星を含むおおぐま座運動星団で、その広がりは太陽系付近にまで及びます（が、太陽はこの星団には属しません）。

　では、太陽の兄弟星は見つかっているのでしょうか。ヘルクレス座方向にある HD 162826 という 7 等星（地球からの距離は約 109 光年）が、2014 年、化学組成と運動の詳細な観測結果から太陽と同じガス雲から誕生したと結論づけられました。2018 年には、くじゃく座方向にある HD 186302 という 9 等星も太陽の兄弟星らしいと発表されています。

9　太陽以外の恒星のまわりにも惑星はあるの？

> 太陽系の惑星たちは例外なく太陽のまわりを公転しています。
> その太陽は天の川銀河に浮かぶ平凡な恒星の1つです。では、
> 太陽以外の恒星も、惑星を持っているのでしょうか。

◎宇宙は惑星に満ちている？

　太陽以外の恒星のまわりを回る**太陽系外惑星**（略して系外惑星）の存在は昔から多くの科学者によって議論されてきましたが、科学的な探索が始まったのは1940年代のことです。観測の精度が足りなかったり、天文学者たちが「太陽系」という常識にとらわれていたりしたこともあって、初めて太陽のような恒星に系外惑星が発見されたのは1995年のこと[*1]。その後は堰を切ったように発見が続き、2024年4月現在、5600個を超える系外惑星が確認されています。系外惑星は大きく重いものほど見つけやすいため、地球のような小さく軽い系外惑星は、その多くが未発見だと考えられています。天の川銀河に存在する地球サイズの系外惑星の数は10億とも100億ともいわれていて、もしそれが正しいのであれば、天の川銀河は惑星に満ちていることになるでしょう。

　では、どのような天体であれば系外惑星と呼べるのでしょうか。太陽系の惑星の定義は2006年に決められましたが、系外惑星の定義は未だ定められていません。暫定的な定義では、「恒星やその残骸の周囲を公転する木星の13倍以下の質量を持つ天体」が系外惑星であるとされています。質量が木星の13倍よりも大きいと、中心部で重水素の核融合反応が起こせるようになるため

[*1]　パルサー（中性子星）のまわりを公転する惑星質量の天体は1992年に発見されていた。

褐色矮星という天体に分類されます。が、惑星と褐色矮星とではそもそもつくられ方が違うという指摘もあり、単純に質量だけで線引きができるかどうかは不透明です。また質量が惑星クラスであるにもかかわらず恒星のまわりを公転していない天体も発見されていて、これらは自由浮遊惑星と呼ばれています。

◎系外惑星の見つけ方

惑星はみずから光を出していないにもかかわらず近くに強烈な光を出す恒星があるわけですから非常に見にくく、直接その姿をとらえることは非常に困難です。そのため、系外惑星のほとんどは、間接的な手法によって発見されています。現在、主に利用されている系外惑星の検出方法は、ドップラー法とトランジット法です。

惑星が恒星のまわりを回ると、その重力の影響を受けて中心の恒星もわずかにふらつきます。恒星が私たちに対して前後にふらついている場合、恒星からの光はドップラー効果によって赤っぽくなったり青っぽくなったりします。つまり、恒星からやってくる光が周期的に赤っぽくなったり青っぽくなったりしている場合、そのまわりを何かが回っていると考えられるのです。こうして光のドップラー効果を利用して惑星を検出する方法が**ドップラー法**です。色が変化する周期からは惑星の公転周期が、色が変化する度合い（＝惑星がふらつく速さ）からは惑星の質量（の下限値）を求めることができます*2。

一方、惑星系の軌道面を横から見る場合、恒星の前面を惑星が横切る様子が見られることになります。実際に惑星の影がとらえられるわけではありませんが、惑星が恒星の一部を隠すために、

---

*2　太陽のような恒星のまわりを回る系外惑星として初めて発見されたペガスス座51番星bは、ドップラー法によって検出された。

惑星が恒星の前面を横切っているあいだだけ恒星がわずかに暗くなります。その減光が周期的に起きることをとらえることで系外惑星を検出する方法が**トランジット法**です。減光が起きる周期からは惑星の公転周期が、減光の度合い（どれだけ恒星が暗くなるか）からは惑星の半径を求めることができます。もしドップラー法とトランジット法の両方で惑星をとらえることができれば惑星の平均密度を求めることができ、その惑星がガス惑星なのか岩石惑星なのかを見積もることも可能となります。

太陽系外惑星の見つけ方

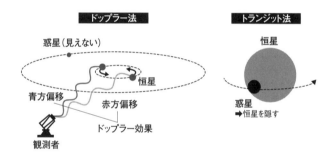

近年では観測技術の進歩によって、系外惑星の直接撮像もできるようになってきました。中心の恒星の光を隠すコロナグラフや、大気のゆらぎを打ち消す補償光学装置（AO）などを用いてコントラストを上げ、恒星と惑星の明るさの差が小さくなる赤外線で観測をおこなうことで、中心の恒星からある程度離れた巨大ガス惑星であれば直接撮像が可能になります[*3]。

＊3　初めて直接撮像に成功した系外惑星系はペガスス座にある HR 8799 系。

◎異形の惑星たち

　これまでに発見された系外惑星の中には、太陽系の惑星とは似ても似つかないものが数多くあります。そもそも、最初に発見された系外惑星であるペガスス座51番星bは、木星の半分ほどの質量を持つ巨大ガス惑星ですが、中心の恒星に非常に近い軌道をたった4.2日で公転しているのです。このような、惑星を**ホットジュピター**といいます。また太陽系の惑星のほとんどは、ほぼ円に近い軌道を公転していますが、系外惑星の中にはかなり長大な楕円軌道を公転している惑星があります。このような惑星は**エキセントリックプラネット**と呼ばれます[4]。また惑星は通常、中心の恒星の自転方向と同じ向きに公転していますが、中には逆行している惑星も発見されています[5]。太陽系には、恒星は太陽ただ1つしかありませんが、中には太陽が複数個ある、すなわち連星系を公転する惑星もあります[6]。まるで映画『スター・ウォーズ』に登場する惑星タトゥイーンのようですね。

　もちろん、見つかっているのは異形の惑星たちばかりではありません。近年では「第2の地球」と呼べるような、ハビタブルゾーンに位置する地球サイズの岩石惑星が発見されつつあります。2014年に発見されたケプラー186fは、初めてハビタブルゾーン内に発見された地球サイズの惑星です。ただし、中心の恒星は質量が太陽の半分程度しかない低温の星でした。太陽に似た恒星のハビタブルゾーン内を公転する初めての地球サイズの惑星はケプラー452bです。

　太陽系のように複数の惑星が発見されている惑星系もあります。2024年4月現在、約900の惑星系が複数の惑星を持っており、ケプラー90系が太陽と並んで最多の8個の惑星を持っています。

＊4　おとめ座70番星bやHD 96167bなど。
＊5　WASP-17bやHAT-P-7bなど。
＊6　ケプラー16bなど。

10 宇宙人って本当にいるの?

> SF などにしばしば登場する「宇宙人」。科学的には地球外知的
> 生命体と呼ばれる彼らは実在するのでしょうか。もし実在する
> なら、どう探し、コンタクトを取ればいいのでしょうか。

◎地球外生命を探す

そもそも「知的」かどうかは置いておいて、地球以外の天体に生命は存在するのでしょうか。かつては火星にも知的生命体がいると考えられていました。これは地上から望遠鏡で火星を観察して見えたすじ模様が、運河であると誤解されたことからはじまったもので、当時は運河を建設できるほどの知的生命体が火星にいると本気で信じられていましたが、探査機が火星に向かうようになるとその夢は儚くも崩れ去ります。しかし、かつて表面に海があったと考えられている火星は、微生物くらいであれば生命がいる（いた）かもしれません。現在でも精力的に火星探査が続けられているのは、**地球外生命の痕跡を発見できる可能性がもっとも高い天体の 1 つが火星**だからです。

また系外惑星も、地球外生命探しの有力な舞台です。**ハビタブルゾーンを公転する岩石惑星**であれば、生命が発生するかもしれません。しかし、岩石惑星は一般的に小さいためその姿をとらえることは難しく、ましてやそこに暮らす生きものの姿を見ることは不可能です。そのため系外惑星に生命が存在するかどうかを確かめるには、生命が存在するからこそ現れる「兆候」を検出する必要があります[1]。例としてはオゾンやメタンがあげられますが、

---

[1]　このような兆候をバイオマーカーという。

いずれも生命活動以外にも発生する可能性があるため、それらの検出が即生命存在の証拠とはなりえません。

◎地球外知的生命体はどれくらい存在するか？

地球外知的生命体（ETI）の場合は、知的でない生命よりも探すのが容易かもしれません。科学的にETIを探すプロジェクトの総称を **SETI**（Search for Extra Terrestrial Intelligence）といいます。何をもってその生命体が知的かどうかを判断するかは難しい問題ですが、ここでは電波による通信能力を獲得している生命体を知的生命体としましょう。電波で通信を行っていれば、日常の通信で使用されている電波が惑星外に漏れ出しているかもしれませんし、意図的に他の星の知的生命体に向けて信号を発信しているかもしれません。そのような電波を受信することでETIの存在を確かめようとする試みは、1960年にドレイク[*2]によって始められました。これをオズマ計画といいます。オズマ計画は4カ月ほどで終了しますが、その後、世界各国で様々なSETIが進められています。

ドレイクは、1961年に「我々の天の川銀河（銀河系）に存在し人類とコンタクトする可能性のある地球外文明の数Nを算出する」方程式、ドレイク方程式を考案します。方程式は、

$$N = R_* \times f_p \times n_e \times f_l \times f_i \times f_c \times L$$

と表され、R_*は天の川銀河の中で1年間に誕生する恒星の数、f_pは誕生した恒星のまわりに惑星も同時に誕生する確率、n_eは誕生した惑星のうち地球のような生命を育む環境にある惑星の数、

[*2] フランク・ドレイク（1930-2022）, アメリカの天文学者。

f_l はそのような惑星で実際に生命が誕生する確率、f_i は誕生した生命が知的生命にまで進化する確率、f_c は進化した知的生命が他の星へ電波通信を送れるほど文明が発達する確率、L はそのように発達した文明の寿命（年）を示しています。天文学の成果から、R_* は約 20、f_p は 0.5 〜 1 ということがわかっていますが、それ以外の数値については推測の域を出ません。ですので、皆さんも自分が考える数値を代入してドレイク方程式を解いてみてください。

◎地球外知的生命体へのメッセージ

SETI は、基本的には地球外知的生命体の声に耳を傾ける、いわば受動的な ETI 探しです。一方、我々からある特定の天体に向けてメッセージを発信し、返事を待つ方法もあります。これを**アクティブ SETI**、または METI（Messaging to Extra Terrestrial Intelligence）といいます。初めておこなわれたアクティブ SETI は、1974 年にアレシボ電波望遠鏡からヘルクレス座の球状星団 M 13（距離約 2 万 5000 光年）に向けて送信されたものです。メッセージは 1679 個のビットからなり、1 から 10 までの数字や DNA の二重らせん構造のイラスト、人間のイラストと平均身長、地球の人口（当時）、太陽系のイラストなどの情報が記述されています。1983 年には米スタンフォード大学のパラボラアンテナを用いて森本正樹らがわし座のアルタイルに向けてメッセージを発しました。これは日本人による初めてのアクティブ SETI で、漫画雑誌『週刊少年ジャンプ』（集英社）の七夕企画として実施されました。

　宇宙へと旅立った探査機に、ETI へのメッセージを搭載したこともあります。木星や土星を探査したアメリカの惑星探査機パ

イオニア 10 号と 11 号には、人間の男女の姿や地球に関する情報を描いた金属板が取り付けられていましたし、同じくアメリカの惑星探査機ボイジャー 1 号と 2 号には ETI へのメッセージを収録したゴールデンレコードが搭載されました。レコードには 115 枚の画像、動物の鳴き声や風、雷、波などの自然界の音、様々な時代や文化の音楽[*3]、55 種類の言語による挨拶[*4] が収められました。

パイオニアもボイジャーも、他の恒星系に到達するには数万年という時間がかかりますが、いつかもしかしたら、ETI がこれらを手にし、地球から同胞へ向けた「手紙」を解読してもらえる日が訪れるのかもしれません。

M 13 に送られた「アレシボ・メッセージ」

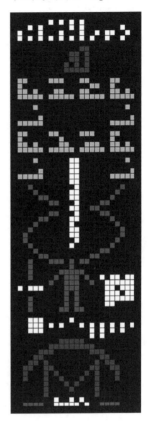

＊3　J.S. バッハの「ブランデンブルク協奏曲」やチャック・ベリーの「ジョニー・B・グッド」など。

＊4　日本語は「こんにちは、お元気ですか」。

第5章

はるかな宇宙の彼方へ
～銀河の世界～

1　天の川銀河に恒星は何個あるの？

> 「天の川」の正体は、無数の星の集まりである天の川銀河（銀河系）です。しかし、そこにあるのは恒星だけではありません。実に多彩な天体たちが、天の川銀河をつくっているのです。

◎天の川の正体

空を横切るようにかかる天の川。その見た目から、世界各地で天上の川や道にたとえられてきました。とくに古代文明が発達した地域では、そこを流れる大河に見立てられてきたことが多かったようです。

中国では銀河や銀漢（漢とは中国の大河・長江の支流の1つである漢水を表します）、古代エジプトでは天のナイル川、古代インドでは天のインダス川と呼ばれてきました。

一方、古代ギリシアでは、女神ヘラの乳がほとばしったものとされました。英語で天の川のことを Milky way（ミルキーウェイ）というのはこのためです。

天の川が星の集まりだということに最初に気づいたのはガリレオ*1 だといわれています。彼は自作の望遠鏡を天の川に向け、そこに無数の星々が輝いているのを発見したのです。

その後、様々な観測を経て、天の川は 1000 億個とも 2000 億個ともいわれる恒星の大集団であり、それらが渦を巻いていることが明らかにされました。

---

*1　ガリレオ・ガリレイ（1564-1642），イタリアの天文学者。

◎色とりどりの星雲・星団たち

　天の川をつくる天体のうち、主役はなんといっても恒星でしょう。これまで見てきたように、その姿は千差万別です。恒星のほかにも、褐色矮星や太陽系外惑星、恒星が死を迎えた後の姿である白色矮星、中性子星、ブラックホールなどがあります。

　恒星と恒星のあいだの宇宙空間には何もないわけではなく、薄いガスや塵（まとめて星間物質といいます）が広がっています。ガスのほとんどは**水素**で、その温度や密度の違いによって、中性水素原子（HI）ガス、中性水素分子（H_2）ガス、電離水素（HII）ガスに分けられます。中性水素分子ガスが濃く集まった天体が**分子雲**で、恒星の誕生の場になっています。生まれたばかりの高温の星が放つ紫外線によって周囲の水素ガスが電離し、赤い光を放って見える領域が電離水素領域（HII 領域）です。星が活発に生まれている分子雲の周囲には HII 領域が付随していることがよくあります。また分子雲中のガスや塵が近くの恒星の光を反射して光って見えている天体を反射星雲といい、HII 領域と反射星雲をまとめて散光星雲といいます。

　星雲には、惑星状星雲や超新星残骸もあります。惑星状星雲は質量が太陽の 8 倍以下の恒星が一生の最期に外層のガスを放出した姿、超新星残骸は質量が太陽の 8 倍以上の恒星がやはり一生の最期に超新星爆発と呼ばれる大爆発を起こしたときに飛び散ったガスです。惑星状星雲も超新星残骸もガスは徐々に拡散していきますので、やがて星間物質となり、新しい恒星の誕生へとつながっていきます。

　恒星はときに重力で結び付いた集団をつくります。数十～数百個の星がまばらに集まったものが**散開星団**、数百万～数億個の星

が密集してボールのように集まったものが**球状星団**です。散開星団は同じガス雲から生まれた兄弟の星たちの集団で、数十億歳以下の若い、重元素を多く含む恒星が多いのが特徴です。一方、球状星団はそのでき方があまりよくわかっていませんが、百億歳ほどの年老いた、重元素をあまり含まない恒星からなります。

天の川銀河を彩る天体たち

暗黒星雲 B 68 　　　　　　　　惑星状星雲 NGC 7293 （らせん星雲）

散開星団 M 7 　　　　　　　　球状星団 NGC 5139 （オメガ星団）

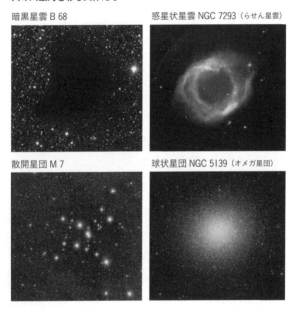

◎銀河を包むダークマター

　天の川銀河をつくる天体たちは、大局的には銀河中心のまわりを回っています。ということは、普通に考えれば太陽系の惑星た

ちのように、銀河中心から離れれば離れるほど回転のスピードは遅くなるはずです。ところが、回転速度を詳しく調べてみると、銀河中心からある一定の距離以上離れると、回転速度がどこもほぼ同じになることが明らかになりました。このことは、銀河を包み込むように質量を持った「何か」があることを意味します。これをミッシングマスといい、その元になる物質は電磁波で見ることができないため、**暗黒物質**（ダークマター）と呼ばれるようになりました。

　暗黒物質としてまず想定されたのが MACHO [*2]（マッチョ）です。可視光などでは検出できない、太陽程度の質量を持ったコンパクトな天体のことで、先に述べた褐色矮星や白色矮星、ブラックホールなどが候補としてあげられます。見えなくとも質量を持つため、重力マイクロレンズと呼ばれる現象を用いて探索がおこなわれ、実際にその存在は確認されていますが、ミッシングマスを説明できるほどの量はないことが明らかにされています。なお、重力マイクロレンズとは、ある天体（ソース天体）の前を別の天体（レンズ天体）が横切ることで、レンズ天体の重力によって空間が歪み、ソース天体からの光を曲げてレンズのように集め、ソース天体が明るく見える現象のことをいいます。

　ダークマターは未知の素粒子ではないかという考え方もあります。一時はニュートリノもその候補としてあげられていましたが、現在ではダークマターの主要な構成物質ではないことがわかっています。現在ダークマターとして想定されているのは WIMP [*3] と呼ばれる素粒子で、ニュートラリーノやアクシオンなどが候補にあげられています。しかし、いずれも未だ発見されてはいません。

＊2　Massive Compact Halo Object の略。
＊3　Weakly Interacting Massive Particles の略。

太陽系は天の川銀河の
どのあたりにあるの？

地上からは空をぐるりと1周しているように見える天の川。その正体である天の川銀河は、いったいどのような姿をしているのでしょうか。天の川銀河の全体像を概観してみましょう。

◎天の川銀河の全体像

　もし天の川銀河を外から眺めたとしたら、どのような姿を目にすることができるのでしょうか。真上から見ると、中心部に楕円状の部分があり、そこから腕が伸びて渦を巻き、全体としては丸い形をしています。真横から見ると、中心部がやや膨らんだ凸レンズのような形をしています。天の川銀河は、中心部の楕円状に膨らんだ部分を**バルジ**、そのまわりにある薄いレンズのような部分を**ディスク**、それらを包み込む球状の**ハロー**と、大まかに3つに分けることができます。

　バルジは、主に年齢が100億歳以上の年老いた恒星からなります。大まかな形は3つの軸の長さがバラバラな楕円体で、長径が約1万3000光年、3軸の長さの比は10：S：3と考えられています。バルジの中心部には超大質量ブラックホールが存在すると推定されています。

　ディスクは、比較的新しい星からなる薄い円盤と比較的古い星からなる厚い円盤からなります。直径は約10万光年ほどで、厚みは薄い円盤が約1万5000光年、厚い円盤がバルジと同程度です。ディスクには渦状腕と呼ばれる構造が見られます。またディスクは平らではなく、片側がやや上に反り返り、もう一方の側が下に

反り返るという歪みを持っていることが知られています。

　ハローは、バルジとディスクを包み込むような球状の構造です。内部ハローと外部ハローに分かれ、内部ハローには恒星のほか、球状星団が分布しています。外部ハローは高温で希薄なガスです。またハローにはダークマターが存在し、質量的には天の川銀河の大部分を占めています。

　では、私たちが暮らす太陽系は、天の川銀河のどこに位置しているのでしょうか。最近の観測結果から、**銀河中心からの距離は約 2 万 6000 光年**で、円盤の中央面（銀河面）から 130 光年ほど北に位置していると考えられています。秒速約 220 km ほどで銀河中心のまわりを回転していて、**1 周するのに約 2 億年かかります**。

天の川銀河のつくり

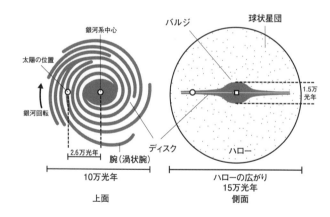

◎渦を巻く星たち

　天の川銀河に広く分布する水素ガスから、天の川銀河が渦状腕^{かじょうわん}を持っていることが明らかにされています。ペルセウス座腕とたて－みなみじゅうじ座腕という2本の主要な腕があり、ほかにオリオン座腕、いて－りゅうこつ座腕、じょうぎ座腕、外縁部腕などが知られています。太陽系が位置しているのはオリオン座腕といわれています。渦状腕には分子雲やHII領域、散開星団が数多く存在し、今なお活発に星が生まれ続けています。

　銀河をつくる個々の天体は、1つの腕にずっと留まり続けるわけではありません。もしそうだとしたら、時間が経つにつれて腕の間隔がどんどん狭くなり、腕が巻き込まれていってしまうはずです。しかし、そのような銀河はほとんど発見されていません。実際には、渦状腕はある時点での天体の疎密を表しているだけで、個々の天体は、腕に入ったり腕から出たりを繰り返しながら銀河中心のまわりを回転しています。これを**密度波理論**といいます。イメージとしては、高速道路の渋滞を思い浮かべてもらえればいいでしょうか。高速道路において渋滞ができる場所はだいたい決まっていてその位置はあまり変わりません。渋滞した車の集団が移動しているわけではなく、個々の車は渋滞につかまったり抜け出したりしているわけです。

◎銀河の発見

　天の川銀河の大きさや構造はどのようにして明らかにされてきたのでしょうか。天の川銀河の全貌を観測によって初めてとらえようとしたのはハーシェルです。彼は宇宙全体の構造を知るために、空のいろいろな方向に望遠鏡を向けて見える恒星の数を数え、

様々な仮定のもと、星が多く見える方向ほど宇宙には奥行きがあるとして、宇宙（天の川銀河）の大きさや形を描き出したのです。

　ハーシェルの後も、同じような手法で天の川銀河の大きさや形を決める研究が続けられ、カプタイン[*1]は詳細な観測データを用いて天の川銀河が長軸約5万2000光年、長軸と短軸の長さの比が5：1という扁平な回転楕円体であると発表しました。

　ハーシェルもカプタインも、太陽系は天の川銀河の中心近くに位置していると考えていました。ところが、シャプレー[*2]は、球状星団の分布から太陽系は天の川銀河の中心から外れた位置にあり、球状星団は天の川銀河の中心を囲むように存在していると考えました。その結果、天の川銀河はカプタインのモデルより10倍も大きいものとなり、当時、その正体が明らかにされていなかった渦巻星雲も球状星団同様、天の川銀河に付随する天体とされたのです。一方、カプタインの流れを汲むカーティス[*3]は、天の川銀河の大きさは「小さく」、渦巻星雲ははるか遠くにある天の川銀河と同様の恒星の集団であると考えました。この論争は、ハッブル[*4]がアンドロメダ「大星雲」までの距離を、ケファイドを用いて求めたことで決着がつきます。彼はアンドロメダ「大星雲」までの距離を約90万光年[*5]と結論付け、この天体が天の川銀河を上回る規模を持つ「銀河」であることを明らかにしたのです。一方、太陽系が天の川銀河の中心にはないことは電波観測の結果などからも明らかになりました。つまりシャプレーとカーティスの主張は、どちらも一部は正しく一部は間違っていたのです。

---

*1　ヤコブス・カプタイン（1851-1922）、オランダの天文学者。
*2　ハロー・シャプレー（1855-1972），アメリカの天文学者。
*3　ビーバー・カーティス（1872-1942），アメリカの天文学者。
*4　エドウィン・ハッブル（1889-1953），アメリカの天文学者。
*5　現在は230万光年とされている。

3 銀河にはどんな種類があるの？

宇宙には銀河が無数にあります。その姿は千差万別、1つとして同じ形のものはありません。しかし、形や明るさといった特徴を整理することで、銀河を分類することができるのです。

◎ハッブル分類

銀河をその見た目によっていくつかのグループに分けることを、銀河の形態分類といいます。もっとも有名なのは、ハッブルによって1926年に提案されたハッブル分類でしょう。何人かの天文学者によって改良され現在でも用いられています。

ハッブル分類では、まず銀河をその形から**楕円銀河**、**渦巻銀河**、**棒渦巻銀河**、**レンズ状銀河**、**不規則銀河**に分けます。楕円銀河はその名の通り楕円形に見える銀河で、実態は球体、もしくは楕円体です。年老いた星が多く、星間ガスをあまり含まないため星形成活動はほとんど起きていません。楕円（ellipse）を表すEという記号が用いられ、見た目のつぶれ具合からE0〜E7に分類されます（E0がほぼ円形）。渦巻銀河はバルジとディスクを持ち、ディスクに渦状腕を持つ銀河です。渦（spiral）を表すSという記号が用いられ、腕の緊密度によってSa、Sb、Scに分類されます。またバルジから伸びる棒状の構造を持つ銀河は棒渦巻銀河と呼ばれ、記号はSBです。渦巻銀河同様、腕の緊密度によってSBa、SBb、SBcに分類されます[1]。レンズ状銀河は楕円銀河と渦巻銀河の中間的な性質を持つ銀河で、バルジとディスクはありますが、ディスクに腕構造が存在しません。記号はS0を用います。これまで

---

[1] 天の川銀河（銀河系）は渦巻銀河と棒渦巻銀河の中間（SABbc）らしい。

の 4 つの銀河の形態にあてはまらない、不規則な形をした銀河を不規則銀河といいます。記号は Irr です。ハッブルは当時、銀河は楕円銀河として誕生し、渦巻銀河へと進化していくと考えていました[*2]。そのため、ハッブル分類では、しばしば楕円銀河を左側に置き、レンズ状銀河を分岐点として渦巻銀河と棒渦巻銀河を平行に右側に配置する図で表されます。これをハッブルの音叉図といいます。

ハッブルの音叉図

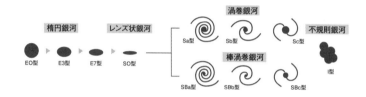

ハッブル分類を拡張し、さらに銀河の形態分類を細分化したのがドゥ・ボークルール[*3]です。彼は、渦巻銀河を SA、棒渦巻銀河を SB とし、その中間的な性質を持つ SAB 銀河を導入しました。また SAc と SBc に続く SAd と SBd を加え、バルジを持たない渦巻／棒渦巻銀河を Sm ／ SBm としました。さらに渦状腕の形態からリング状構造を持つもの (r) や持たないもの (s)、その中間的なもの (rs) に分類しています。例えば、弱い棒状構造とゆるく巻かれた渦状腕を持つ渦巻銀河で、リング状の構造を持つ銀河は、SAB(r)c と表されます。

大きさや質量が小さく暗い銀河を矮小銀河といいます。矮小銀

*2　現在はその考えは誤りであるとされている。
*3　ジェラルド・ドゥ・ボークルール (1918-1955), フランスの天文学者。

河は、矮小楕円銀河（記号 dE）、矮小楕円体銀河（記号 dSph）、矮小不規則銀河（記号 dIrr）などに大別されます。

◎変わった銀河たち

　銀河は形状だけでなく、その銀河が持つ際立った特徴からも分類することができます。例えば、銀河の中には中心部の非常に狭い領域から、銀河全体に匹敵するような強い電磁波を放射しているものがあります。このような銀河の中心部を活動銀河核（AGN）といい、活動銀河核を持つ銀河を活動銀河といいます。そのエネルギー源は、銀河中心にある超巨大ブラックホールであると考えられています。

　AGN は、中心部の明るさや電波の強弱変動の激しさなどから、セイファート銀河や電波銀河、クェーサーなどに分けることができます。セイファート銀河は明るい中心部と普通の銀河とは違うスペクトルを持つ銀河で、主に渦巻銀河です。

　セイファート銀河と同じような特徴を持つものの、セイファート銀河に比べ数百から数千倍もの強さの電波を発している銀河を電波銀河といいます。電波銀河はそのほとんどが楕円銀河で、中には銀河本体のスケールを超える規模のジェットやローブが見られるものもあります。クェーサーは非常に遠方にある AGN で、恒星のように点状に見えることからその名が付けられました＊4。これらの天体の違いは、基本的には同じメカニズムで輝く天体をどの方向から見るかの違いによるものと考えられています。クェーサーの中でも、とくに強い電波を発し、その時間変動が大きい天体をブレーザーといいます。

＊4　クェーサーは恒星のように見える天体という意味の quasi-stellar object からつくられた造語。

◎銀河どうしの不思議な関係

　たくさんの銀河を様々な視点で統計的に見てみると、銀河の性質や進化についての重要な情報を得ることができます。例えば、銀河全体の「色」を見てみると、楕円銀河は赤っぽく、レンズ状銀河、渦巻銀河／棒渦巻銀河と、ハッブルの音叉図を左から右に進むにつれて青っぽくなっていきます。同じ渦巻銀河や棒渦巻銀河でも、SAa や SBa よりも SAc や SBc のほうが青っぽく、これもハッブルの音叉図を左から右へ進む流れです。このことは、ハッブルの音叉図で右にある銀河ほど、星が活発に生まれていることを示しています。青白い質量が大きな恒星は短命です。そのような星たちが現在も銀河の中に見られるということは、その銀河で今でも新しい星が生まれ続けている、ということになるのです。

　渦巻銀河は回転するディスクを持っていますが、その回転速度の最大値と銀河の明るさ（光度）のあいだには関係があります。銀河の光度がディスクの回転速度の 3～4 乗に比例するというもので、これをタリー・フィッシャー関係といいます。似たような関係は楕円銀河にもあり、銀河の光度が楕円銀河を構成する恒星の運動速度のばらつき（速度分散といいます）の 4 乗に比例するというもので、フェイバー・ジャクソン関係といわれます。

　また楕円銀河の場合は、銀河の直径と速度分散のあいだにも比例の関係があることが知られています。これらの関係は、銀河の光度や回転速度、速度分散、大きさといった銀河全体を表す物理量がある一定の関係で結ばれていることを意味しています。生まれも育ちもバラバラであるはずの銀河どうしにこのような関係があることは、銀河の進化に決まった方向性があることを示唆しています。

4 天の川銀河とアンドロメダ銀河が
衝突するって本当？

秋の夜空に、空が暗いところであれば肉眼でも微かに見えるアンドロメダ銀河。遠い将来、そのアンドロメダ銀河が天の川銀河と衝突するといわれています。それは本当なのでしょうか。

◎その名はミルコメダ

アンドロメダ銀河は、天の川銀河にもっとも近い大型の銀河です。太陽系からの距離は約230万光年ですが、時速約40万kmものスピードで天の川銀河に向かって近づいてきていることが1921年、スライファー[*1]によって発見されました。その結果、**天の川銀河とアンドロメダ銀河は約45億年後に衝突・合体し、最終的に1つの銀河になる**と考えられています。合体後の銀河は、天の川銀河（ミルキーウェイ）とアンドロメダ銀河それぞれの名を合成してつくられた造語であるミルコメダの名でしばしば呼ばれます。

最新の観測成果から、両者は正面衝突をするわけではなく、最初はかすめるようにすれ違い、通りすぎる程度だと考えられています。その後、互いの重力で引き戻され、最終的には両者は合体し巨大な楕円銀河となり、それぞれの銀河中心にある超巨大ブラックホールも融合するとみられています。銀河どうしが衝突するといっても、銀河をつくる恒星どうしがぶつかることはほとんどありません。銀河内において恒星はそれぞれ非常に離れて分布しています。天の川銀河の平均的な恒星の密度は10光年立方内に3個ほどです。太陽にもっとも近い恒星はケンタウルス座の α

[*1] ヴェスト・スライファー（1875-1969）、アメリカの天文学者。

星（厳密にはその伴星）ですが、両星間の距離は約 4.3 光年で、これは太陽の直径の約 300 万倍に相当します。つまり太陽とケンタウルス座 α 星を卓球の球くらいの大きさだとすると、両星のあいだは約 1200 km 離れることになります＊2。銀河の中心部では密度が高くなりますが、それでも銀河はかなりスカスカなのです。一方で、星間ガスは衝突にともなって圧縮され、爆発的に恒星が生まれるようになります。重力による影響は互いに及ぼし合いますから、地球から見た天の川の姿も徐々に大きく歪んでいくはずです。

　では、太陽系や地球には、アンドロメダ銀河との衝突・合体による影響はあるのでしょうか。先ほど述べたように恒星どうしが衝突する確率は限りなく低いため、太陽が他の恒星とぶつかるということはないはずです。しかし、太陽系の外縁部にまで恒星が近づくことはあるかもしれません。その場合、オールトの雲が乱されて、太陽系の内部に大量の彗星が侵入してくる可能性があります。ただし、天の川銀河とアンドロメダ銀河の衝突が約 45 億年後であることを考えると、そのときにはすでに**太陽が膨張し赤色巨星へと進化している**はずです。地球は灼熱の惑星となってしまい、生命はすべて死に絶えてしまっているでしょう。

◎天の川銀河に残る衝突の痕跡

　天の川銀河は、これまでに他の銀河との衝突・合体を経験してきたことがあるのでしょうか。アンドロメダ銀河ほどの大型の銀河との衝突は過去にはなかったと考えられていますが、天の川銀河が矮小銀河を飲み込んだりしたことはあったようです。

　もっとも大規模な矮小銀河との衝突は約 100 億年前に起こった

＊2　直線距離で博多～盛岡間の距離に相当。

とみられています。衝突した銀河の質量は太陽約100億個分と見積もられていますが、これは矮小銀河としてはかなり大きいほうです。衝突の結果、天の川銀河のディスクが大きく広がったとされ、衝突相手の銀河をつくっていた星々は天の川銀河のバルジやハローにばらまかれたと考えられています。このとき衝突相手によっていくつかの球状星団も持ち込まれました。

　天の川銀河のディスクが歪んでいるのも矮小銀河の衝突が原因だとする説もあります。また、現在も天の川銀河のまわりを回っている伴銀河の1つ、いて座矮小銀河は、過去に繰り返し天の川銀河の円盤部を突き抜け、衝突を繰り返していたことが明らかになりつつあります。その時期は、今から50～60億年前、約20億年前、約10億年前と算出されていて、天の川銀河において星形成が活発化した時期と一致しています。つまり、いて座矮小銀河が天の川銀河と衝突するたびに天の川銀河で爆発的に星が生まれ、太陽もそのうちの1つであるかもしれないとのことです[*3]。

◎衝突する銀河

　銀河どうしの衝突というのは頻繁に起きるものなのでしょうか。先ほど、銀河の中の恒星の分布はスカスカだと述べましたが、それに比べると銀河どうしはかなり密集しているのです。太陽の直径約140万kmに対しもっとも近い恒星ケンタウルス座a星までの距離は約4.3光年（約43兆km）で、その比は300倍にもなりますが、天の川銀河の直径約10万光年に対しアンドロメダ銀河までの距離は約230万光年と23倍にしかなりません。いかに銀河どうしのあいだの距離が短いかがわかると思います。

　というわけで、銀河どうしの衝突は実に頻繁に起きていて、実

[*3]　位置天文衛星ガイアが天の川銀河のディスクに分布する恒星の動きを測定したところ、数百万個の恒星に特徴的な動きのパターンが見つかり、これもいて座矮小銀河との衝突の痕跡ではないかとみられている。

際に衝突しつつある銀河、衝突した痕跡のある銀河、衝突しない
までも近づいて重力を及ぼし合っている銀河が宇宙には数多く見
られます。これらを**相互作用銀河**といいます。相互作用の程度は
まちまちで、りょうけん座の子持ち銀河 M 51 のようにほとんど
変形していないものがある一方、からす座の触覚銀河 NGC 4038
／ NGC 4039 のように互いに重力を及ぼし合って二本の長い腕状
の構造が伸びているもの、うお座の NGC 520 のように各々が原
形をとどめないくらい変形してしまったものもあります。ちょう
こくしつ座の車輪銀河 PGC 2248 は、1 つの中心付近に別の銀河
が衝突してそのまますりぬけた天体と考えられていますし、おお
ぐま座の Arp 148 銀河はまさにその途上にある銀河だと見なさ
れています。

合体しつつある銀河の例　NGC 6750（左）と IC 1179（右）

5 宇宙に星はいくつあるの？

「星の数ほど○○」という慣用句があります。数が非常に多いことのたとえですが、では実際に宇宙にはどれだけの星（恒星）があるのでしょうか。

◎銀河群と銀河団

銀河は宇宙空間に均等に散らばっているわけではなく、集団をつくって分布しています。明るい大型の銀河数個を含む数十個の銀河の集まりを**銀河群**、明るい大型の銀河 100 個程度以上を含む1000 個を超える銀河の集まりを**銀河団**といいます。

天の川銀河は、アンドロメダ銀河とともに**局所銀河群**（局部銀河群とも）をつくっています。局所銀河群に属している大型の銀河は 3 つのみ[*1]で、ほかはすべて**矮小銀河**です。その広がりは約 300 万光年で、少なくとも 60 個以上の銀河が属しています。矮小銀河は、天の川銀河とアンドロメダ銀河の周囲に集中して分布していて、それらと重力的に結び付いています。このように、大型の銀河のまわりを公転している矮小銀河を伴銀河、または衛星銀河といいます。天の川銀河には少なくとも 16 個の伴銀河が発見されていて、その代表格が**大マゼラン雲**と**小マゼラン雲**です[*2]。なお、通常の銀河群よりもはるかに狭い領域に銀河が密集している銀河群を、コンパクト銀河群といいます。典型的なコンパクト銀河群の大きさは数十万光年で、あまりにも銀河どうしが密集しているため、銀河どうしの衝突が頻繁に起きています。ペガスス座にある「ステファンの五つ子」は初めて発見されたコンパ

[*1] 天の川銀河、アンドロメダ銀河、さんかく座銀河の 3 つ。
[*2] 肉眼で雲の切れ端のように見えるため「雲」と名付けられているが、その正体は銀河。

クト銀河群です[*3]。

　銀河団のうちもっとも有名で、かつ天の川銀河にもっとも近い
のは、**おとめ座銀河団**です。その名の通りおとめ座にあり、太陽
系からの距離は約6000万光年です。地球から見て12等級より明
るい銀河が40個ほどあり、もっとも明るいのが中心付近にある
楕円銀河M 87です。暗いものまで含めると3000個を超える銀
河が確認されていますが、そのほとんどは矮小銀河です。

　銀河群や銀河団が数個ほど集まった銀河の大集団を**超銀河団**と
いい、1億光年以上の広がりを持ちます。おとめ座銀河団の周辺
にはいくつかの銀河群があり、**局所超銀河団**と呼ばれる集団をつ
くっています。天の川銀河が属する局所銀河群もその一員です。局
所超銀河団に属す銀河は、いずれもおとめ座銀河団に向かって運
動していることが明らかにされています（が、実際の距離は宇宙膨張
にともなって大きくなっています）。

◎宇宙の大規模構造

　現在では、局所超銀河団でさえ、さらに大きな銀河団の一部で
あると考えられています。その名を**ラニアケア超銀河団**といい[*4]、
約5億光年の広がりを持っています。局所銀河群やおとめ座銀河
団を含む局所超銀河団のほか、うみへび座－ケンタウルス座超銀
河団などがラニアケア超銀河団のメンバーです。一方で、有名ど
ころではヘルクレス座銀河団やかみのけ座超銀河団などの銀河集
団は、ラニアケア超銀河団には含まれません。

　太陽系から約3億光年ほど離れたところには、かみのけ座銀河
団を中心とした約5億光年にわたる「銀河からなる壁」のような
構造が見つかっていて、グレートウォールと名付けられています。

---

　*3　五つ子と名付けられているが、実際に銀河群をつくっているのは4つで、残る1つ
　　　はたまたま同じ方向に見えているだけの遠方の銀河。
　*4　ハワイ語のラニ（天）とアケア（果てしない）を組み合わせた造語。

このように、宇宙には銀河が密集している場所がある一方、1〜1.5億光年ほどの範囲にほとんど銀河が存在しない空間もあります。これを**ボイド**といいます。つまり宇宙には、銀河が密に集まった銀河団や超銀河団があり、それらをつなぐように銀河が細長い帯状の領域に分布するフィラメント構造があり（グレートウォールはそのひとつ）、フィラメントに囲まれるようにボイドが存在していたのです。これを宇宙の大規模構造といい、銀河の分布がせっけんの泡がくっつき合っている様子に見えることから、泡構造とも呼ばれます。銀河は宇宙全体に網の目のように広がっていたのです。

◎宇宙の地図を作る

　宇宙の大規模構造は、銀河の分布を調べることで明らかにされてきました。銀河の分布から宇宙の構造を明らかにするためには、ある範囲に見える銀河の位置とその銀河までの距離をまんべんなく調べなければいけません。このような観測をサーベイ観測といいます。銀河の赤方偏移（レッドシフト）を用いて銀河までの距離を決定するサーベイ観測をレッドシフト・サーベイと呼んでいます。

　近年、もっとも大規模に行われたレッドシフト・サーベイの1つが、2000年より観測を始めたスローン・デジタル・スカイ・サーベイ（SDSS）です。SDSSでは、専用の口径2.5 m望遠鏡を利用して北天を中心とした全天の4分の1の天域を観測し、93万個の銀河、12万個のクェーサーまでの赤方偏移が測られました。なお、SDSSなどのサーベイ観測によって描き出された銀河の分布地図は、2つの扇がくっついたような形をしています。扇の要

に位置するのが天の川銀河です。扇と扇のあいだの銀河がまったくないように見える範囲は、天の川の方向にあたります。つまり、天の川銀河のディスクをつくる星やガス、塵に阻まれて、その先の宇宙が見通せない領域なのです。

宇宙の大規模構造（点 1 つ 1 つが銀河を表す）

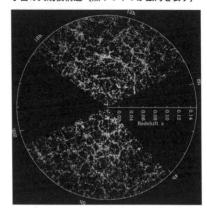

◎宇宙の星の総数

　では、本項の最初の問いに戻りましょう。宇宙にはどれだけの数の星があるのでしょうか。

　天の川銀河に含まれる恒星の数を 1000 億とし、天の川銀河を宇宙における平均的な銀河と考えれば、銀河の数を知ることで宇宙にある星の数を見積もることができます。最新の研究成果によると、この宇宙には**2 兆個もの銀河が存在する**ということです。ということは、宇宙全体における恒星の数は 1000 億 × 2 兆 = 2000 垓個[5]にもなります。そしてこれはあくまで恒星の数だけですから、もし惑星やさらに小さな天体まで含めると気が遠くなりますね[6]。まさに天文学的な数字といえるでしょうか。ちなみに、地球から肉眼で見える恒星の数は約 8600 個、そのうち日本から見えるのは半分と考えれば約 4300 個、一晩で見えるのがさらにその半分だとすれば約 2200 個です。少し安心できる（？）数になりましたね。

　＊5　200,000,000,000,000,000,000,000 個。1000 兆×10 が 1 京。1000 京×10 が 1 垓。
　＊6　天の川銀河だけでも数百億個の惑星があるといわれている。

6 もっとも遠くにある天体は何？

天文学の発展にともない人類が知る宇宙は広がっていきました。
では、現在はどれくらい遠くの天体まで見つかっているのでしょ
うか。遠方にある天体までの距離の測定方法を見てみましょう。

◎宇宙の距離梯子

　恒星までの距離は年周視差から求められますが、その大きさは
非常に小さく、精度よく距離が求められるのは数千光年までです。
天の川銀河の直径は約10万光年ですから、これでは他の銀河ど
ころか天の川銀河内の天体すら距離を測ることができません。
そこでまず使われるのが「星の色」を利用する方法です。恒星の
色（スペクトル型）と絶対等級のあいだには関係がありますから、
恒星のスペクトルを詳しく調べ、その星の絶対等級を求め見かけ
の明るさと比べることで、その星までの距離を計算することがで
きます。この方法を**分光視差**といいます。

　天の川銀河を取り囲むように分布する球状星団や天の川銀河の
近くにある銀河までの距離は、**脈動変光星**の一種、こと座RR型
変光星やケファイドを利用して求めます。太陽系の近くにあるこ
れらの変光星の観測から光度－周期関係が求まり、それを球状
星団や近くの銀河内に発見された同種の変光星にあてはめること
で、その天体までの距離を求めることができるのです。太陽系か
ら1億光年程度であれば、脈動変光星を用いることで距離を求め
ることができます。

　さらに遠方の銀河までの距離を求めるのには、Ia型超新星を

利用します。近くの銀河に出現したIa型超新星の観測から、その絶対等級がどれも等しいことが明らかにされました。そのため遠方の銀河に出現したIa型超新星の見かけの明るささえわかれば、絶対等級と比較するだけで、その銀河までの距離を求めることができます。Ia型超新星は銀河全体に匹敵するほど明るいため100億光年以上彼方にある銀河までの距離を測定することが可能ですが、一方で銀河内に超新星が出現しない限り距離を測ることができないというデメリットもあります。

　非常に遠方の天体までの距離測定に用いられているのが**赤方偏移の大きさ**です。宇宙空間が膨張しているために遠くの天体からの光は波長が伸ばされ、スペクトル中の吸収線などの位置が赤いほうにずれます。これが（宇宙論的）赤方偏移で、その大きさは記号 z で表されます。ハッブルによって、z が大きければ大きいほどその天体までの距離が遠いことが、ケファイドなどで距離がわかっていた銀河の観測から明らかにされました[*1]。

　このように、年周視差→分光視差→脈動変光星→Ia型超新星／赤方偏移と、異なる距離測定の方法をつないでいき、より遠くの天体までの距離が求めようという考え方を、**宇宙の距離梯子**と呼びます。

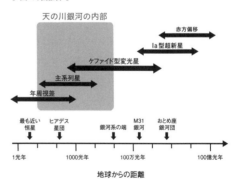

宇宙の距離梯子

天の川銀河の内部

赤方偏移

Ia型超新星

ケファイド型変光星

主系列星

年周視差

最も近い恒星　ヒアデス星団　銀河系の端　M31銀河　おとめ座銀河団

1光年　　1000光年　　100万光年　　100億光年

地球からの距離

＊1　z＝1の天体までの距離は約75億光年。

◎宇宙の果ての天体たち

　では、現在見つかっているもっとも遠くの天体は、いったい何億光年彼方にあるのでしょうか。2020年7月1日現在、最遠の天体はおおぐま座にある銀河 GN-z11 で、その名の通り赤方偏移 z の大きさが $11.09 ≒ 11$、**太陽系からの距離は約134億光年**です。GN-z11 の大きさは天の川銀河の約25分の1、質量は天の川銀河の約100分の1しかありませんが、そのわりには星形成が活発で、天の川銀河の20倍以上もの速さで星が生まれ続けています。なお、単独の恒星の最遠記録は $z = 1.5$（距離90億光年）です。

　非常に遠くにある天体は、宇宙膨張にともなう赤方偏移のために可視光線よりも赤外線で明るく輝いている天体がほとんどです。2021年に打ち上げが予定されているハッブル宇宙望遠鏡の後継機、ジェイムズ・ウェブ宇宙望遠鏡が稼働を始めれば、さらなる遠方の銀河が発見できるのではないかと期待されています。

◎星空はタイムマシン

　ここまで述べてきた天体までの距離は、赤方偏移を用いて求めたものですから、天体の発した光が地球に届くまでに宇宙空間を移動した距離ということになります。これを**光行距離**といいます。しかし、宇宙は常に膨張していますので、光が天体を発した後もその天体は地球から遠ざかり続けていることになります。つまり、光行距離は実際の天体までの距離（固有距離）を表していないのです。例えば GN-z11 までの距離は光行距離では134億光年ですが、固有距離は約320億光年になります[*2]。

　光の速さは秒速約30万 km と有限ですから、光行距離は光がその天体を発してから地球に届くまでにかかった時間を表して

---

*2　ただし、光行距離と固有距離の差は非常に遠くの天体でないと顕著にはならないため、例えば天の川銀河の中に位置する天体や、天の川銀河の近くにある銀河などは、光行距離＝固有距離と考えて差し支えない。

いることになります。つまり、**134 億光年彼方にある銀河は 134 億年前の宇宙にある銀河**であり、宇宙の誕生を 138 億年前とするならば宇宙誕生から 4 億年後の宇宙に存在する天体ということになるわけです。このように宇宙は遠くを見れば見るほど過去を見ることになります。

　私たちは、地球から約 1 億 5000 万 km 離れている太陽であれば約 8 分前の姿、約 25 光年離れていること座のベガであれば 25 年前の姿、約 230 万光年離れているアンドロメダ銀河であれば 230 万年前、初期の人類が生きていたころの姿を見ていることになります。このことを利用して、宇宙の過去を調べることができます。より遠くの天体を見つけて詳しく観測することで、宇宙の誕生直後の姿に迫ることができますし、様々な距離にある銀河を詳細に比較することで、宇宙がどのように現在の姿になったのか、宇宙や銀河の進化を探ることができるのです。

遠くを見るほど過去が見える

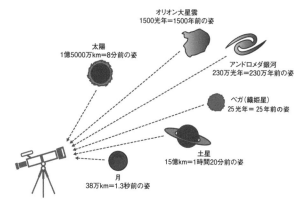

オリオン大星雲
1500光年＝1500年前の姿

太陽
1億5000万km＝8分前の姿

アンドロメダ銀河
230万光年＝230万年前の姿

ベガ（織姫星）
25光年＝25年前の姿

土星
15億km＝1時間20分前の姿

月
38万km＝1.3秒前の姿

7 宇宙は今もどんどん膨らんでいる？

「宇宙は膨張している」という事実は、宇宙の有限性や始まりを考えるうえで非常に重要です。では、なぜ宇宙が膨張していることが明らかになったのでしょうか。

◎遠ざかる銀河たち

1910年代初頭、スライファーによって、渦巻星雲（当時は天の川銀河の外にある天体＝銀河だとは認識されていなかった）のスペクトルが大きな赤方偏移を持っていることが発見されます。もしこの赤方偏移の原因がドップラー効果であるならば、これらの渦巻星雲は時速数百万kmもの猛スピードで地球から遠ざかっていることになります（この速さを後退速度といいます）。

多くの渦巻星雲が地球から遠ざかっていることの原因を解き明かしたのが、ハッブルです。彼はアンドロメダ大星雲中のケファイドの観測からそこまでの距離を求め、アンドロメダ大星雲が天の川銀河と同様の星の大集団・銀河であることを明らかにしました。同様にその他の渦巻星雲についてもケファイドを用いて距離を求め、「星雲」ではなく「銀河」であることを突き止めていきました。そしてハッブルはみずから求めた渦巻銀河までの距離とスライファーの後退速度のデータを突き合わせることで、「**天の川銀河から遠く離れた銀河ほど速いスピードで遠ざかっている**」ということに気づきます。銀河の後退速度は、その銀河までの距離に比例していたのです。このことは、銀河が個々に運動しているのではなく、銀河が存在する空間そのものが膨らんでいるのだ

と解釈することができます。これをハッブルの法則といいます。

　ちなみに、銀河のスペクトルの赤方偏移はドップラー効果によるものと説明されることが多いですが、厳密には間違いです。銀河が運動するからではなく、天体を発した光が地球に届くまでのあいだに、光の媒質である空間そのものが膨張したために光の波長が伸びたのです。前者を運動学的赤方偏移、後者を宇宙論的赤方偏移と呼んで区別します。

　なお、宇宙空間が膨張していることは1927年にルメートル[*1]によっても導き出されていました。そのため、この法則は、現在では**ハッブル・ルメートルの法則**と呼ぶことが国際天文学連合によって推奨されています。

◎加速する宇宙膨張

　それでは、宇宙空間が膨張するスピードは、常に一定だったのでしょうか。物質で満ちている宇宙は、時間とともに膨張速度が小さくなる減速膨張をしていると考えられます。物質には質量があるため、重力が働いて膨張が減速し、等速運動になるか逆に宇宙空間が収縮を始めるかのどちらかだというのです。

　ところが1998年、一転、宇宙が**加速膨張**をしていることが明

宇宙膨張のイメージと赤方偏移

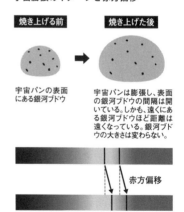

焼き上げる前	焼き上げた後
宇宙パンの表面にある銀河ブドウ	宇宙パンは膨張し、表面にある銀河ブドウの間隔は開いている。しかも、遠くにある銀河ブドウほど距離は遠くなっている。銀河ブドウの大きさは変わらない。

赤方偏移

　[*1]　ジョルジュ・ルメートル（1894-1966）、ベルギーの天文学者、司祭。

らかにされました。**Ia型超新星**によって求められた銀河までの距離データと、銀河の赤方偏移のデータを合わせることで、距離ごと、すなわち宇宙の時代ごとの膨張スピードが求められたのです。その結果、宇宙は誕生後しばらく減速膨張をしていましたが、約60億年前に加速膨張に転じたことが明らかにされました。

　では、宇宙の加速膨張の原因は何なのでしょうか。それを説明する理論の1つが、通常の物質とは違う性質を持つエネルギー、**ダークエネルギーが宇宙に満ちている**という説です。

　ダークエネルギーは、引力とは逆に物質どうしを引き離す力（斥力）を生むと考えられていて、最新の観測からは宇宙の組成の約69％を占めているといわれています（残りの31％のうちダークマターが約26％で、元素など通常の物質は約5％ほどしかないとみられています）。

　ダークエネルギーの正体は明らかにされていませんが、宇宙定数（宇宙項）が代表的な候補とされています。

　一般相対性理論の基本方程式であるアインシュタイン方程式を解くと宇宙が膨張か収縮する解しか得られず、膨張も収縮もしない静的な宇宙を信じていたアインシュタインがみずから方程式に加えたものが宇宙項です。

　その後、ハッブルによって宇宙膨張が観測的に確かめられると、アインシュタインは宇宙項を付け加えたことを人生最大の過ちだったと語ったという逸話が残されています。ですが、約90年の時を経て、宇宙項は加速膨張を説明する手段として復活しつつあるのです。

◎宇宙の膨張はどこも同じ？

　時間的には減速から加速に転じたことが明らかになった宇宙膨張ですが、方向的には均一、つまりどの方向にも同じ速さで膨張しているのでしょうか。

　そもそも現在の宇宙論（宇宙誕生から現在に至る進化を解明しようとする学問）は、宇宙の「等方性」を前提として構築されています。宇宙の等方性とは、「宇宙には局所的な違いはあっても大きなスケールで宇宙空間全体を見ればどの方向も同じような性質を示す」というもので、このことから宇宙の膨張速度もすべての方向で等しいとされてきました。

　ところが、現在の宇宙がすべての方向で同じように膨張しているわけではないという可能性も指摘されていて、X 線による銀河団の観測結果から、宇宙の膨張速度が方向によって異なる可能性が高まったという研究成果が 2020 年になって発表されました。このことが正しいのであれば、宇宙論に関わる前提が崩れることになります。

　では、何が方向による宇宙膨張の速度の差を生み出しているのでしょうか。宇宙の加速膨張の原因と考えられるダークエネルギーがその犯人という可能性は十分にあるでしょう。しかし、ダークエネルギーの正体が明らかでない以上、そこから先は何もわからないとしかいえないのです。

8　宇宙はどうやって誕生したの？

> 私たちが暮らす宇宙はどのように始まったのでしょうか。この問いに対する答えは、かつては神話や宗教が用意していましたが、現代は科学によって解明されつつあります。

◎すべては一点から始まった

　宇宙が膨張していることが明らかになると、宇宙は空間的にも時間的にも有限であると考えられるようになります。宇宙が時間とともに広がっているということは、過去の宇宙は今より小さかったはずで、時間をさかのぼればさかのぼるほど宇宙の大きさは小さくなっていき、一点にまで収縮してしまいます。宇宙に存在する物質の量が変わらないとすれば、宇宙の大きさが小さくなればなるほど高密度になっていき、宇宙は超高温超高密度の状態で始まったのではないか、と考えられるようになります。これを**ビッグバン宇宙論**といい、ガモフ[*1]らによって提唱されました。

　現在では、ビッグバンの前に宇宙が急膨張を起こしたとするインフレーション理論が唱えられています。この理論によると、誕生直後の宇宙は、現在の宇宙を加速膨張させているダークエネルギーよりもはるかに大きい「真空のエネルギー」によって、極めて短い時間に想像を絶するほどの大きさに拡大したとされます。たとえるならば、ウイルスが一瞬にして銀河団以上の大きさになるほどです。空気を急激に膨らませると温度が下がるように、宇宙もインフレーションによって絶対零度（約 − 273℃）にまで冷やされます。すると空間の性質が変化し[*2]、膨張に使われていたエ

＊1　ジョージ・ガモフ（1904-1968）、アメリカの天文学者。
＊2　気体が液体や固体になるのと同じこと。これを相転移という。

ネルギーが熱として解放され、宇宙が超高温の状態となります。こうして始まったのがビッグバンだと考えられています。ビッグバンは、その語感から爆発のような現象と思われがちですが、**宇宙が超高温超高密度になった状態**をいうのです。

　ではインフレーションより前の宇宙はどのような状態で、インフレーションはなぜ始まったのでしょうか。それは今のところ明らかにされていません。

　無と呼ばれる時間も空間も物質もないエネルギーのみが揺らいでいる状態から確率的に宇宙が誕生したともいわれています。インフレーション理論も、宇宙誕生時における様々な問題を解決できるため有力な理論ではありますが、観測によって実証されているわけではありません。宇宙の始まりについては、まだまだ謎が多いのです。

宇宙の進化

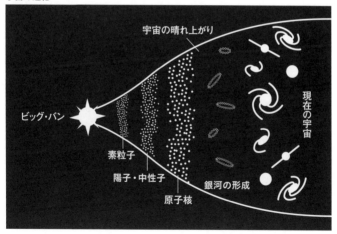

◎ビッグバンの「化石」

　ビッグバン理論が提唱されると、宇宙がかつて超高温のときに発せられた光（熱放射）が観測できるはずだと考えられるようになります。その光は宇宙膨張にともなって波長が長く引き伸ばされ、現在では電波（マイクロ波）となって宇宙のあらゆる方向から地球にやってくるはずです。これを**宇宙マイクロ波背景放射**（CMB）といいます。CMBの存在はガモフやピーブルス[*3]らによって予言され、1964年にペンジアスとウィルソン[*4]らによって偶然発見されます。CMBは温度約2.7 Kの完全な黒体放射であることが後の観測から示され、ビッグバン理論の強い証拠とされています。

　CMBが示す温度は、場所によってほんのわずかに異なることが、探査衛星によって明らかにされています。この温度ゆらぎはCMBが発せられた当時の宇宙の物質の密度ゆらぎを示しています。この密度ゆらぎが、後の宇宙の大規模構造の「種」になったと考えられています。

WMAP衛星によって観測された宇宙マイクロ波背景放射

*3　ジェームズ・ピーブルス（1935-），アメリカの天文学者。
*4　アーノ・ペンジアス（1933-2024）とロバート・ウィルソン（1936-），共にアメリカの物理学者。

◎素粒子から原子へ

　話を宇宙の成り立ちへと戻しましょう。ビッグバンで超高温になった宇宙は、高温ゆえに爆発的な膨張を続け、徐々に温度が下がっていきます。ビッグバンが始まってわずか 100 万分の 1 秒後には、温度は約 10 兆度にまで下がります。この段階になると、宇宙はクォークや電子、ニュートリノ、光子といった素粒子で満たされるようになります[*5]。

　ビッグバン開始から 1 万分の 1 秒後、温度は約 1 兆度に下がります。するとクォークが 3 つずつ結合し陽子や中性子がつくられます。もっとも単純な元素である水素の原子核は陽子 1 個ですから、この時点で水素の原子核が誕生したことになります。宇宙の温度はビッグバン開始から 3 分後には約 10 億度となります。この頃、陽子 2 個と中性子 2 個が結合しヘリウムの原子核がつくられました。恒星の基本的な材料は水素とヘリウムですから、**ビッグバン後の最初の 3 分間で、現在の宇宙の元となる物質がすべて生み出された**ことになります。

　この時点ではまだ、電子が宇宙空間を四方八方に自由に飛び交っている状態です。これでは、光子は電子に衝突してしまい直進することができません。ということは、遠くまで先を見通せないということです。つまり宇宙は霧の中のような不透明な状態でした。ビッグバン開始から 37 万年後、宇宙の温度はようやく 3000 度程度にまで下がります。すると、水素やヘリウムの原子核に電子がとらえられ、原子となります。邪魔者がいなくなった光子は直進できるようになり、宇宙は見通しがきくようになりました。これを**「宇宙の晴れ上がり」**といいます。そしてこのとき直進できるようになった光が地球に届いたものが CMB です[*6]。

　[*5]　素粒子がどのようにつくられたかは未解明。
　[*6]　宇宙が晴れ上がる前の光は地球には届かないため、CMB は私たちが観測することができる最古の宇宙の光ということになる。

宇宙の晴れ上がり

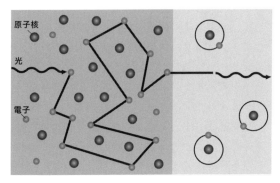

右が晴れ上がり後で、電子が原子核にとらえられたことで光が直進できるように
なったことがわかる

◎宇宙最初の恒星

　晴れ上がった後の宇宙は、水素などのガス雲が漂う真っ暗な世界でした。この状態は宇宙最初の恒星（ファーストスター）が生まれるまで続き、この期間を**宇宙の暗黒時代**といいます。

　ファーストスターがいつ頃生まれたのか、どのように生まれたのか、詳しいことはわかっていません。が、誕生してから約４億年後の宇宙には銀河が存在していたことが明らかにされていますので、その前後だったはずです。その姿も未だはっきりとはわかっていませんが、遠方銀河の観測などが進み、そう遠くないうちに明らかになるでしょう。

　なお、ファーストスターやそれに続いて誕生した恒星たちが放つ紫外線によって、宇宙に満ちていた水素などのガスは再び電離されます。これを「**宇宙の再電離**」といいます。

9　私たち人間は「星の子ども」なの?

> 私たちの身体は実に多くの元素からできています。ところが宇宙誕生直後は水素とヘリウムしか宇宙には存在しませんでした。では私たちを形作る元素はどこで生まれたのでしょうか。

◎私たちをつくる元素

　私たちの身の回りの世界をつくっているのは元素です[*1]。空気は窒素や酸素からなり、地面をつくる岩石は主にケイ素からなります。では、私たち自身は何からできているのでしょうか。

　人体をつくる主な元素は、重量％が大きい順に酸素、炭素、水素、窒素、カルシウム、リンです。酸素がもっとも多いことは、人体の 60 〜 70 ％が水でできていることから納得がいくでしょうか。

　炭素や水素、窒素は身体そのものをつくっているタンパク質、脂肪の構成要素です。カルシウムとリンは骨や歯の主成分であるリン酸カルシウムをつくる元素ですね。これら 6 元素で人体の 98.5 ％を占め、多量元素と呼ばれます。

　次いで多いのが硫黄、カリウム、ナトリウム、塩素、マグネシウムで、人体の 0.9 ％を占め少量元素と呼ばれます。さらに微量元素と呼ばれる、人体内での存在量が 0.0001 ％(= 1 ppm)〜 0.01 ％の元素[*2]と、超微量元素と呼ばれる、人体内での存在量が 1 ppm 未満の元素[*3]とがあるといわれています。

　つまり、人体中には 35 種類の元素が確認されているのです。

[*1]　宇宙的にはダークエネルギーやダークマターが圧倒的に多数派だが、ここではその点は無視する。

[*2]　鉄、フッ素、ケイ素、亜鉛、ストロンチウム、ルビジウム、臭素、鉛、マンガン、銅。

[*3]　アルミニウム、カドミウム、スズ、バリウム、水銀、セレン、ヨウ素、モリブデン、ニッケル、ホウ素、クロム、ヒ素、コバルト、バナジウム。

◎恒星の生と死が生み出す元素

誕生直後にはほとんど水素とヘリウムしかなかった宇宙に、私たちの身体をつくる元素はどのようにしてつくられていったのでしょうか。実はその多くが、**恒星の生と死によって生み出されていった**のです。

恒星はその中心部で核融合反応を起こし、そのときに発生するエネルギーで輝いています。水素が核融合しヘリウムをつくり、中心部の水素が尽きると続いてヘリウ

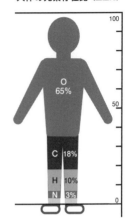

人体の元素存在比（重量比）

ムが核融合を起こして炭素や酸素をつくりだします。質量が太陽の8倍以下の恒星はさらなる核融合を起こすことはできません。赤色巨星を経て、外層を噴き飛ばし惑星状星雲となってその一生を終えます。その途中で、原子核が「ゆっくりと（slow）」中性子を捕獲してベータ崩壊*4するs過程が起こり、非常に重い元素、例えばストロンチウムや鉛などが合成されます。これらの元素は惑星状星雲として宇宙空間へとばらまかれていくのです。

一方、質量が太陽の8倍以上の恒星は、炭素や酸素がさらに核融合を起こし、マグネシウムやケイ素、鉄などがつくられつつ進化していきます。ただし、鉄はもっとも安定した元素ですから、これ以上核融合を進めることができません。超新星爆発と呼ばれる大爆発を起こし最期を迎えます。このとき、鉄よりもやや重い元素、例えばセレンやルビジウムなどが合成されます。これらの

---

*4　中性子が電子を放出し陽子に変化する反応。

晩年を迎えた恒星内部の元素分布の模式図

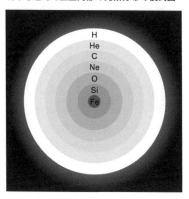

　元素は超新星残骸として宇宙空間へとばらまかれていきます。こうして宇宙空間へ拡がったガスは、やがて何らかのきっかけで再び集まり、新しい恒星を生み出します。このように星の一生は繰り返され、元素も宇宙を流転していきます。

　太陽系は、何世代かの星の死を経た、重元素を多く含むガスからつくられました。ゆえに岩石の惑星である地球が生まれ、そこに生命が誕生し、人類にまで進化できたわけです。私たちの身体をつくる元素のほとんどは恒星の内部でつくられました。そういった意味で、私たちは「星の子ども」といえるのです。

◎その他の元素の起源
　かつては重たい元素のほとんどが恒星内部における s 過程や超新星爆発によって合成されると考えられていました。しかし、重たい元素の一部は、s 過程や超新星爆発でも合成されるものの、

それだけでは宇宙における存在量が説明できないことがわかってきました。では、これらの元素はどのようにつくられたのでしょうか。その答えは、Ia 型超新星と中性子星どうしの衝突・合体の際に起こる r 過程です[*5]。

こうして、宇宙におけるほとんどの元素の起源が確かめられました。とはいえ、宇宙における元素合成について、すべてが明らかになったわけではありません。

なお、数ある元素のうち、特殊な方法で合成されるのがベリリウムとホウ素です。この 2 つの元素は核融合反応の途中で生成されるものの、すぐに他の元素へと姿を変えてしまいます。そのため軽い元素であるにも関わらず恒星の内部ではつくられず、星間ガスに含まれる炭素や窒素、酸素の原子核が高エネルギーの宇宙線によって破壊される（核破砕といいます）ことで合成されます。

元素の起源ごとに色分けした元素周期表

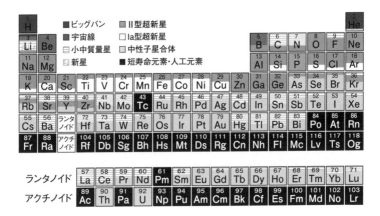

＊5　原子核が「速く（rapid）」中性子を捕獲してベータ崩壊する反応。

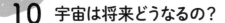

10 宇宙は将来どうなるの？

この宇宙には将来どんな運命が待ち受けているのでしょうか。
膨張は続くのか否か、続いた場合どうなっていくのか、逆に止
まった場合どうなるのか……。疑問は尽きません。

◎再び一点へ

ビッグバン以来、宇宙は膨張を続けていますが、もし宇宙に存
在する物質の質量がある値より大きい場合、自身の重力が膨張す
る力に打ち勝って収縮に転じると考えられています。その場合、
ある意味では宇宙の歴史をさかのぼることになり、収縮にとも
なって物質の密度が高まり、温度が上昇して、再びビッグバン
のときのような超高温超高密度状態の一点に収束していくはずで
す。これを**ビッグクランチ**といいます。

ビッグクランチを迎えた宇宙がどのような状態なのか、その後、
宇宙がどうなっていくのかは、現在の物理学では残念ながら説明
することはできません。その後、再び膨張に転じ、またどこかの
タイミングで収縮を始め……と宇宙は無限に膨張と収縮を繰り返
す（振動する）というサイクリック宇宙論を唱える研究者もいます。

現在の宇宙は、加速膨張をしています。ということは、斥力が
重力に対し優勢であることを意味します。この状態が続く限り、
宇宙の膨張が止まり収縮に転じることはないでしょう。最新の宇
宙論において、宇宙がビッグクランチをもって終わりを迎える、
という可能性は低いといえそうです。

ビッグランチのイメージ（上から下に向かって時間が進む）

◎冷え切る宇宙

　膨張が続いた場合の宇宙は、主に2通りの未来が考えられると
いいます。まずは加速膨張が弱まり、ゆるやかに、しかし永遠に
膨張を続ける宇宙の未来を見てみましょう。

　現在の宇宙では水素を主成分とするガス雲から恒星が生まれ、
中心部で核融合反応を起こして輝き、やがて死を迎えます。恒星
をつくる水素の大部分は消費されずに宇宙へと広がっていき、や
がて再び集まって新しい恒星を生み出していきます。この恒星の
進化を繰り返すうちに、やがて水素が枯渇し、新たな星が誕生し
なくなってしまうでしょう。

　一方で、白色矮星や中性子星、ブラックホールといった恒星の

「残骸」が増えていきます。やがて残っていた恒星もすべて輝きを失い、宇宙は可視光で光る天体が何もない、我々の目には真っ暗な空間となってしまうのです。

　銀河の中心にある超大質量ブラックホールは周囲のガスや他のブラックホールなどを次々と飲み込んで成長し、やがて銀河全体が１つのブラックホールとなってしまいます。銀河団内では超大質量ブラックホールも互いに引き合い、衝突・合体を繰り返してやがては銀河団全体が１つのブラックホールとなってしまうでしょう。しかし、銀河団より大きな構造については、宇宙膨張によって互いに離れていく速度のほうが速く、さらなる合体は起きないと考えられます。つまり宇宙は、超巨大ブラックホールが点在しつつ、膨張によって離れ続けていく空間となるわけです。

　実は、ブラックホールは物質や光を吸い込むと同時に、その質量に応じた温度で電磁波を出すと考えられています[1]。もしブラックホールの温度よりも周囲の宇宙空間の温度のほうが低くなった場合、ブラックホールは「蒸発」していくのです。宇宙は膨張によって温度が下がっていきますから、やがて超大質量ブラックホールですら蒸発するようになります。

　とはいえ、太陽の 100 億倍の質量を持つブラックホールの場合、蒸発するのにかかる時間は 10 の 80 乗年以上といわれています（1 無量大数が 10 の 68 乗ですから、10 の 80 乗年は 1 無量大数の 1 京倍の 1 京倍年というとてつもない長さになります）。

　気が遠くなりすぎるほど長い時間が過ぎた後、膨張を続ける宇宙は極低温にまで冷え、ブラックホールさえも消滅し非常にエネルギーが低い光（光子）だけが飛び交う世界となります。これを**ビッグチル**といいます。

＊１　これをホーキング放射という。

◎引き裂かれる宇宙

　では、現在の加速膨張が続いた場合、宇宙の未来はどうなっていくのでしょうか。

　宇宙の膨張速度がどんどん速くなっていくと、現在は銀河どうしが遠ざかる程度で済んでいる空間の広がり具合が、銀河自体がバラバラになってしまうほど強まっていきます。やがて宇宙膨張の影響は恒星などの天体、ひいては原子にまで及び、宇宙のすべてが引き裂かれバラバラになってしまうと考えられています。これを**ビッグリップ**といいます。

　ビッグチルの場合は宇宙が無限に膨張を続けるものの宇宙全体が有限であることが前提となります。一方、ビッグリップの場合は有限の時間内で宇宙全体が無限の大きさへと膨張していきます。宇宙が将来的にどちらの道に進むのか、いいかえれば宇宙の加速膨張がこのまま続き、指数関数的に膨張していってしまうのかどうかは、ダークエネルギーの密度によって決まります。

　最新の観測結果によると、少なくとも 1400 億年は、ビッグリップは起こらず、ビッグリップが避けられる可能性もあるそうです。

　とはいえ、まだまだ観測の誤差も大きく、宇宙の将来がどうなっていくのかについて、確定的なことは何もいえません。私たち人類にとっては関係ないほど遠い未来の話ともいえることですが、こうした宇宙の将来について考えると、なんだか眠れなくなりそうですね。

第6章

宇宙への挑戦
〜天文学と宇宙開発〜

天文学ってどんな学問なの？

最古の学問の1つといわれる天文学。天文学は宇宙にあるすべての起源や進化、性質、構造を扱う学問ですが、人類はいつからそれらのことに興味を持ち、研究してきたのでしょうか。

◎「我々はどこからきてどこへ行くのか」

人類はなぜ空を見上げ、宇宙に思いを馳せてきたのでしょうか。天文学はどのように、何のために始まったのでしょうか。天体観測が始まった動機は先に紹介しましたが、天文学が扱う範囲はなにも暦や測量といった実用的なものだけではありません。

皆さんは、フランスの画家、ポール・ゴーギャンはご存知でしょうか。彼の代表作に『我々はどこから来たのか　我々は何者か　我々はどこへ行くのか』があります[1]。この一文が、まさに天文学の意義や目的を端的に表していると筆者は考えています。すなわち、宇宙がどのように誕生し、地球がどのようにつくられ、そこにどうやって生命が生まれたのか、遠い将来、宇宙はどうなっていくのか……このような問いの答えに科学的に「迫れるかもしれない」のが天文学です。

人間は太古の昔から、自分たちの存在理由を求め、悩み考えてきました。その答えを表現してきたのが、哲学や芸術、宗教、そして科学（天文学）なのです。しばしば「天文学は何の役に立つのか？」といわれますが、**天文学は個々人の、ひいては人類の世界観（宇宙観）を醸成する手助けをし、みずからが生きる世界を知りたいという人類の根源的な欲求を叶えるためにある**のです。

---

[1]　原題は『D'où venons-nous? Que sommes-nous? Où allons-nous?』、所蔵はアメリカのボストン美術館。

『我々はどこから来たのか　我々は何者か　我々はどこへ行くのか？』

◎古代の宇宙観

　人類は、文明の誕生とともに、自分たちが生きている世界（宇宙）がどのように始まったのか、そしてどのような姿をしているのかを、身のまわりにある事象を観察することで類推してきました。多くの文明において、世界の始まりとその姿形はセットに考えられてきたのです。現在では宇宙というと「地球の外の天体が存在する空間」ととらえる人が多いかと思いますが、昔は世界と同義でした。紀元前2世紀ごろの中国で成立した『淮南子』に「往古来今謂之宙、天地四方上下謂之宇*2」とあるように、宇宙という言葉は時間と空間の両方を指す言葉なのです。

　どの神話も世界開闢＝宇宙誕生から物語を始め、あわせて独自の宇宙観を説明してきました。例えば古代エジプトに伝わる神話の1つでは、水の源泉ヌンの上に大地の男神ゲブが浮かび、その上に居座る大気の神シューが天の女神ヌートを持ち上げています。そして太陽は船で天を渡り、地平線下に沈んだ後は別の船に乗り換え地底の川を進む、これを日々繰り返すとされてきました。

　＊2　読み下すと「過去・現在・未来のことを宙といい四方や上下のことを宇という」となる。

もともとゲブとヌートは絡み合っていましたが、シューが引き離すことで天と地が分かれたとされています。

このような宇宙開闢の物語や宇宙観は、現代の目から見れば科学とはいえないかもしれません。しかし、当時の人々が太陽や月、星の動きを観察し、みずからの手が及ぶ範囲の世界をくまなく調べ、そこから導き出したものです。そういった意味では天文学に通じるものがあるといえるのではないでしょうか。

古代エジプトの宇宙観

◎神話から科学へ

その後、文明の発達とともに科学が進歩していきます。古代ギリシアでは多くの哲学者が活躍し、神話に頼らずに世界の成り立ちを説明しようと試みました。例えばアリストテレス[*3]は、地球は土・水・風・火の四元素からなり、地球以外の天体はエーテルという第五の元素からできていると唱えています。一方、彼は宇宙の始まりというものを想定していません。

紀元前3〜1世紀にはヒッパルコスが星の明るさを定義するなど観測にもとづいたギリシア天文学が花開きます。紀元前3世紀にはアリスタルコス[*4]が、地球が太陽のまわりを回っているという太陽中心説を、コペルニクスに先駆けて唱えていました。2世紀にはプトレマイオスが、古代ギリシア天文学の集大成となる『アルマゲスト』を執筆します。この書ではアリストテレスの宇宙論が採用され、地球が宇宙の中心であり、太陽や惑星は地球のまわ

---

*3　アリストテレス（BC384-BC322）古代ギリシアの哲学者。
*4　アリスタルコス（BC310-BC230）古代ギリシアの哲学者。

りを回っていると考えられました（地球中心説）。

　3 世紀から 4 世紀にかけてキリスト教がローマ帝国の国教となると、宇宙は神が創造したものとされ、キリスト教の教義に合うアリストテレスの地球中心説が確固たる地位を築きます。その結果、ヨーロッパでは自然科学の発展が停滞してしまいます。

　一方、『アルマゲスト』は 9 世紀頃からイスラム文化圏に受容されるようになり、複雑化したプトレマイオスの体系は物理的に成り立たないことを指摘する科学者も現れます。やがて 12 世紀頃からイスラム圏からキリスト教圏へ古代ギリシアの天文学の知識が「再輸入」され始め、16 世紀にはコペルニクス[*5]が太陽中心説を提唱、ガリレオによって太陽中心説に観測的な裏付けがなされます。1655 年にはニュートン[*6]が万有引力の法則を発見、天と地を 1 つの物理法則で統一的に説明することに成功します。こうして、現在に続く宇宙観が科学によって構築されるようになっていったのです。

プトレマイオスの宇宙観（左）とコペルニクスの宇宙観（右）

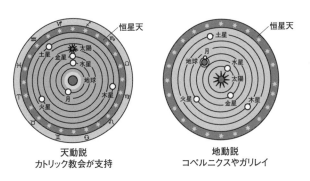

天動説
カトリック教会が支持

地動説
コペルニクスやガリレイ

＊5　ニコラウス・コペルニクス（1473-1543）、ポーランドの天文学者、司祭。
＊6　アイザック・ニュートン（1643-1727）、イギリスの科学者。

2　初めて望遠鏡で星を見たのは誰？

> 望遠鏡は、私たち人類をより天体へと近づけました。望遠鏡を天体に向けたとき、そこには肉眼では知り得ることができなかった天体の素顔があったのです。

◎望遠鏡の発明とガリレオの天体観測

　凸レンズを用いると物が拡大されて見えることは古代ローマ時代から知られていました。そのレンズを組み合わせた望遠鏡は、オランダの眼鏡製作者リッペルハイ[*1]によって発明されたといわれています。1608年のことです。

　望遠鏡が発明されたという噂はたちまちヨーロッパ各地に広がり、それを聞いたガリレオも望遠鏡を自作して月や惑星をはじめとする天体に向けたのです。このとき観察した天体の様子を詳細にスケッチし、それを発表（出版）したのは彼が初めてです。

　彼は、月の表面が滑らかではなく凹凸でクレーターや山が存在すること、金星が満ち欠けをすること、木星のまわりを回る4つの衛星[*2]があること、天の川が星の集まりであることなどを明らかにしました。ガリレオの発見は、彼に当時広まりつつあったコペルニクスの地動説（太陽中心説）を確信させ、当時の宇宙観を変えるほどでした。このように望遠鏡の登場は、これまで肉眼でしか観測できなかった宇宙にさらなる広がりを与えたのです。

◎屈折望遠鏡と反射望遠鏡

　リッペルハイやガリレオがつくった望遠鏡は、2枚のレンズを

＊1　ハンス・リッペルハイ（1570-1619）、オランダのレンズ職人。
＊2　4つの衛星は、今ではまとめてガリレオ衛星と呼ばれる。

組み合わせた屈折望遠鏡と呼ばれるタイプのものです。屈折望遠鏡には凸レンズ（対物レンズ）と凹レンズ（接眼レンズ）を組み合わせたガリレオ式望遠鏡と、対物レンズと接眼レンズのどちらにも凸レンズを用いた**ケプラー式望遠鏡**があります。現在使われている屈折望遠鏡はほとんどが視野が広いケプラー式です。

　光には、波長（色）によってその曲がり方（屈折率）が変わるという性質があります。すると、屈折望遠鏡で覗いた天体の像が様々な色に分かれてにじんでしまいます[*3]。色収差はレンズから焦点までの距離を長くすることで小さくできるため、17 世紀には、非常に長大な望遠鏡がつくられるようになりました。1729 年には色消しレンズが発明されて、色収差が軽減できるようになり、現在では様々なレンズを組み合わせることで色収差をおさえた**屈折望遠鏡**がつくられています。

屈折望遠鏡のしくみ

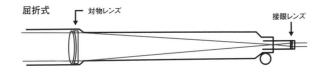

屈折式　　対物レンズ　　　　　　　　　　　　　　　接眼レンズ

　一方、1668 年にニュートンが凹面鏡を利用した反射望遠鏡を発明・製作します。当時は色収差を解決する目的で発明された反射望遠鏡ですが、屈折望遠鏡に比べ大型化しやすいというメリットがあることから、その後、望遠鏡の主力は**反射望遠鏡**へと移っていきます。

＊3　これを色収差という。

反射望遠鏡にもいくつかの種類があります。ニュートンが発明したものは、凹面鏡で反射した光をさらに平面鏡で方向を変えて接眼鏡に導くタイプで、ニュートン式と呼ばれます。一方、平面鏡の代わりに凸面鏡を用いたタイプがカセグレン式と呼ばれるもので、公開天文台などの大型望遠鏡などによく使われています。カセグレン式にはさらにシュミット・カセグレン式やリッチー・クレチアン式などがあります*4。

反射望遠鏡のしくみ（左がニュートン式、右がカセグレン式）

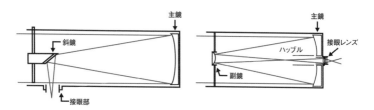

◎進化する望遠鏡

　望遠鏡は時代が進むにつれてどんどん大型化し、高性能になってきました。例えば、反射望遠鏡の心臓部ともいえる主鏡は、当初、ガラスをメッキしたものではなく金属を磨いてつくる金属鏡でした。金属鏡は短期間で曇ってしまい、磨き直さないといけないデメリットがあったのですが、それを克服したのが金属メッキ鏡です。ガラスに銀メッキをする方法が19世紀に発明され、その後は金属でメッキされたガラスを主鏡に使うようになっていきました。現在の反射望遠鏡の主鏡のメッキは銀ではなく、ほとんどがアルミニウムです*5。

＊4　日本が誇る口径8.2mのすばる望遠鏡はリッチー・クレチアン式反射望遠鏡。
＊5　赤外線望遠鏡などでは金が使われることもある。

　ここで、望遠鏡の発達の歴史を天文学の成果とともに振り返ってみましょう。

　ガリレオは自作の望遠鏡で土星も観測しましたが、土星が環を持っていることまでは認識できず、土星が環で囲まれていることを初めて確認したのはホイヘンス[6]でした（1656年）。彼が観測に使用した望遠鏡は長さが37 mもある望遠鏡です。

　ハーシェルは反射望遠鏡を自作し、1778年に口径16 cmの望遠鏡で天王星を発見、その後、口径47.5 cm（20フィート）望遠鏡で全天の星数調査をおこない宇宙の地図をつくろうとしました。1847年にはパーソンズ（ロス3世）[7]が口径1.8 mもの望遠鏡を製作、多くの星雲・銀河を観測し、初めて銀河の渦構造を発見しています。なお、金属鏡を用いた最大の反射望遠鏡がこのパーソンズの望遠鏡で、1917年までは世界最大の望遠鏡として知られていました[8]。

　1893年にはアメリカのシカゴで開催された万国博覧会に口径102 cmの屈折望遠鏡が出品され（鏡筒のみ）、1897年には同国のヤーキス天文台に設置されました。この望遠鏡は現在に至るまで世界最大の屈折望遠鏡として知られています。1917年にはアメリカのウィルソン山天文台に当時世界最大となる口径2.5 mの反射望遠鏡（フッカー望遠鏡）が完成、ハッブルはその望遠鏡を用いた観測によって、アンドロメダ「大星雲」が天の川銀河の外にある星の大集団「銀河」であることを発見しています。1948年にはアメリカのパロマー山天文台に口径5 mの反射望遠鏡（ヘール望遠鏡）が完成、30年以上にわたって世界最大の望遠鏡の座に君臨します。こうして望遠鏡は天文学の発展と歩調を合わせるように、巨大化の一途をたどっていったのです。

＊6　クリスティアン・ホイヘンス（1624-1695），オランダの天文学者。
＊7　ウィリアム・パーソンズ（1800-1867），アイルランドの天文学者。
＊8　その巨大さから、「パーソンズタウンのリヴァイアサン（怪物）」と綽名されている。

3 すばる望遠鏡の視力は1000にもなる？

望遠鏡は発明以来、巨大化の道を歩んできました。それらに支えられて天文学も進歩してきました。では、望遠鏡を大きくするメリットはどこにあるのでしょうか。

◎望遠鏡を大きくする理由

望遠鏡は天体を大きくして見ることが目的ではありません。望遠鏡の最大の目的は、**遠くの天体からの微かな光を集め、明るくして見ること**です。望遠鏡の対物レンズや主鏡が光を集める役割を、接眼レンズが天体を拡大して見る役割を担っていますが、たくさんの光を集めることができなければ、いくら天体の像を拡大しても像が暗かったりぼやけたりしてよく見えません。望遠鏡の光を集める能力のことを集光力といいますが、これは口径が大きくなればなるほど高くなります。遠くの天体ほど、また近くにあっても小さい天体ほど、暗く見えますが、宇宙の姿を解明するためには、それらの天体をも観測する必要があります。そのために、より巨大な望遠鏡が必要となるのです。

また、口径が大きくなればなるほど、天体の細かい構造を見分ける能力＝分解能（解像度）が高くなります。例えば二重星が2つの星に分かれて見えるかくっついて1つの星として見えてしまうかは、同じ倍率でも口径の大小によって変わります。天体を詳しく観測するためには、当然、分解能が高いほうがいいわけです。分解能は、人間の目でいう視力と同じです。世界最大級の口径を誇る日本のすばる望遠鏡の視力は1000にもなります[1]。

---

[1] 東京から富士山頂にあるピンポン玉を見分けることができる。

望遠鏡の口径と分解能

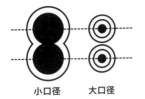

小口径　　　大口径

同じ二重星を見た場合、大口径のほうが星像がシャープで2つの星がよく分離する

◎世界最大の望遠鏡は？

　では、現在、どのくらい大きな望遠鏡までつくられるようになったのでしょうか。1948年に完成したヘール望遠鏡が30年以上にわたって世界最大の望遠鏡でした。その後、1976年に旧ソ連が口径6mの大型経緯台望遠鏡（BTA）を完成させましたが、技術上の問題点があり、あまり性能を発揮させることができませんでした。1990年後半には口径が8mを超える望遠鏡が登場し、1993年に完成したアメリカのケックⅠ望遠鏡（口径10m）を皮切りに、1996年に同ケックⅡ望遠鏡（口径10m）が、1998年にはヨーロッパ南天天文台の超大型望遠鏡1（VLT1：口径8.2m）が、1999年にはアメリカのジェミニ北望遠鏡（口径8.1m）と日本のすばる望遠鏡（口径8.2m）がそれぞれ稼働し始めました。

　2020年7月現在、世界最大の望遠鏡はアメリカの大型双眼望遠鏡（LBT）で、口径8.4mの反射望遠鏡が同じ架台に二台ならべて取り付けられたもので、11.8mの望遠鏡に匹敵する集光力を持ちます。一台の望遠鏡で最大の口径を誇るのは、スペインのカナリー大型望遠鏡（GTC）で口径は10.4mです。ただし、このような巨大な鏡をつくることは技術的な困難がともなうため、

近年の大型望遠鏡の主鏡のほとんどが、複数枚の鏡を組み合わせて1枚の鏡とする分割鏡を採用しています。**単一鏡の望遠鏡としては、日本のすばる望遠鏡が世界最大**です。

　望遠鏡の巨大化の歩みは留まることなく、さらなる超大型望遠鏡の建設計画が世界中で進められています。アメリカはオーストラリアや韓国と共同で巨大マゼラン望遠鏡（GMT）計画を、カナダや日本、中国、インドと共同で30m望遠鏡（TMT）計画を、それぞれ進めています。GMTは口径24.5mの反射望遠鏡をチリのアンデス山脈中にあるラスカンパナス天文台に、TMTは口径30mの反射望遠鏡をアメリカ・ハワイのマウナケア山頂付近に設置する予定です。またヨーロッパ南天天文台は、口径39mのヨーロッパ超大型望遠鏡の建設をチリのアタカマ砂漠で進めています。いずれの望遠鏡も2020年代後半の観測開始を見込んでいて、2030年代にはこれら大型望遠鏡で撮影された、知られざる宇宙の姿を私たちも目にすることができるようになるでしょう。

◎望遠鏡をつなげる？

　望遠鏡が巨大化する一方で、複数の望遠鏡を結合して1つの大きな望遠鏡として機能させる、**干渉計**と呼ばれる手法も現在では広く用いられています。干渉計は、離れた複数台の望遠鏡で同時に天体を観測しそのデータを合成させることで、望遠鏡の間隔を口径とする望遠鏡に匹敵する解像度を得ることができます。

　干渉計が広く活用されているのは、電波観測においてです。チリのアタカマ砂漠に設置されたアルマ望遠鏡[*2]は、東京の山手線の規模に匹敵する最大16kmの範囲に66台の電波望遠鏡（口径は12mと7m）を配置することで、口径16kmの電波望遠鏡と

　＊2　アルマ（ALMA）はアタカマ大型ミリ波サブミリ波干渉計（Atocama Large Millimeter/Submillimeter Aray）の略。

同等の分解能を得ることができるようになります。人間の視力で
たとえるならば視力 6000 となり、東京から大阪に落ちている一
円玉を見分けられるほどです。アルマ望遠鏡は、星や惑星系が誕
生する現場や宇宙が誕生してまもない頃の銀河の観測などに活躍
し、多大な成果が発表され続けています。また、2019 年 4 月に、
M 87 銀河の中心にあるブラックホールの「影」を直接撮影する
ことに成功したと発表したイベント・ホライズン・テレスコープ
（EHT）は、南極や南北アメリカ、ヨーロッパと地球上に広がる
電波望遠鏡で干渉計を構成し、地球サイズの電波望遠鏡を実現し
ました。このときの視力は 300 万に相当します。

　光（可視光）の望遠鏡による干渉計（光干渉計）もあり、ヨーロッ
パ南天天文台の超大型望遠鏡（VLT）は口径 8.2 m の反射望遠鏡
4 台をつないで口径 130 m の望遠鏡として稼働させることがで
きます。

干渉計の原理

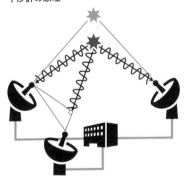

同じ天体を複数の望遠鏡で同時
に観測すると望遠鏡によって天
体からの電波の到達時刻に差が
でき、このことを利用して高い
分解能を得る

4 なぜ望遠鏡を宇宙に打ち上げる必要があるの？

ハッブル宇宙望遠鏡をはじめ、今は多くの宇宙望遠鏡が活躍しています。これらはなぜわざわざ宇宙へと運ばれたのでしょうか。宇宙で天体を観測するメリットを見てみましょう。

◎私たちは大気の「底」で暮らしている

長いあいだ宇宙を旅してきた天体からの光は、最終的に地球の大気を通って、私たちの目や望遠鏡に届きます。大気は常に動いていますし、その密度も時々刻々と変化しています。すると、天体からの光が乱されてしまい、ボケたりチラついたりしてしまいます[*1]。本来、夜空に輝く恒星は非常に遠くにあるため点像にしか見えないはずですが、望遠鏡で見ると大きさを持って見え、肉眼で見ると瞬いて見えます。これが**大気のゆらぎ**による影響なのです。地球大気の外に出れば、その影響は皆無になります。これが、宇宙空間に望遠鏡を打ち上げる大きな理由の1つです。

一方で、宇宙に望遠鏡を打ち上げることは技術的にも費用的にも困難がともないます。そこで、大気の影響を取り除く「補償光学」という技術も近年では広く用いられるようになりました。これは、大気のゆらぎによって生じる星像の乱れをセンサーでとらえ、その乱れを打ち消すように可変形鏡[*2]で補正をして、天体の像をクリアにしようとするものです。観測したい天体の近くに星がない場合は、レーザー光線を発射して望遠鏡の視野内に人工的に星をつくるレーザーガイド星と呼ばれる技術も合わせて使用します。日本のすばる望遠鏡やアメリカのケック望遠鏡など、現

---

*1　これをシンチレーションといい、その程度を表す尺度をシーイングという。
*2　鏡面を高速で変形させることができる鏡。

在の地上大型望遠鏡のほとんどが補償光学装置を取りつけています。

　また、夜空は真っ暗ではありません。市街地では、光害（ひかりがい）が問題になっていますが、多くの天文台が人里離れた山の上に建設されているのは、この光害を避けるためというのが理由の1つです。

◎様々な光で宇宙を視る

　一口に「光」といっても、様々な種類があります。

　光には粒（光子）としての性質と波（光波）としての性質の両方を持っています（その詳細については難しくなるのでここでは立ち入りません）が、波には、山から山、または谷から谷までの長さを表す波長という性質があります。

　光には様々な波長があり、私たちはその違いを色として認識しています。波長が長い光は赤く、波長が短い光は青く見えるのです。そして私たちの目に見える波長の範囲が決まっています。おおよそ 380 〜 770 nm です[*3]。この範囲の光を可視光線といいます。私たちの目には見えませんが、可視光線よりも波長が長い光や短い光もあります。可視光線よりも波長が長い光には赤外線と電波が、波長が短い光には紫外線とエックス線、ガンマ線があります。これらの光をまとめて電磁波といいます。一般的に光といえば可視光線を指す場合がほとんどで、本書でも両者を区別しています。

　天体の姿を多角的に調べるためには、様々な電磁波で観測する必要があります。同じ天体でも、観測する電磁波の波長が異なれば、見える姿が変わるのです。ある電磁波でしか観測できない天体や天体現象もあります。例えば、非常に冷たいガスの塊である

＊3　1nm（ナノメートル）は10億分の1m。

様々な電磁波

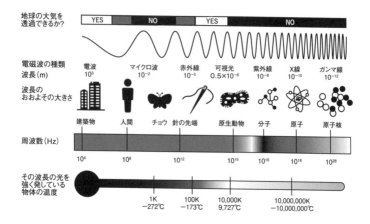

| 地球の大気を透過できるか？ | YES | NO | YES | NO |

| 電磁波の種類 波長（m） | 電波 10^3 | マイクロ波 10^{-2} | 赤外線 10^{-5} | 可視光 $0.5×10^{-6}$ | 紫外線 10^{-8} | X線 10^{-10} | ガンマ線 10^{-12} |

波長のおおよその大きさ

建築物　人間　チョウ　針の先端　原生動物　分子　原子　原子核

周波数（Hz）

10^4　10^8　10^{12}　10^{15}　10^{16}　10^{18}　10^{28}

その波長の光を強く発している物体の温度

1K −272℃　100K −173℃　10,000K 9,727℃　10,000,000K −10,000,000℃

大気の窓

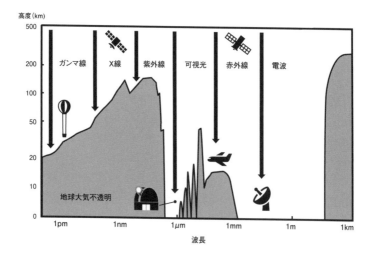

高度（km）

ガンマ線　X線　紫外線　可視光　赤外線　電波

地球大気不透明

1pm　1nm　1μm　1mm　1m　1km

波長

分子雲は電波でしか観測できませんし、銀河を包むように広がる高温のガス（ハロ）はエックス線でしか見ることができません。ところが、残念なことに電磁波の多くは、先に述べた大気の吸収を受けてしまいます。大気の影響をあまり受けないのは可視光線と赤外線の一部、電波の大部分だけで、**紫外線やエックス線、ガンマ線は地上から観測することができません**。そのため、それらの電磁波で天体を観測しようと思ったら、大気圏外、つまり宇宙に望遠鏡を打ち上げないといけないのです。

◎宇宙で活躍する望遠鏡

　近年活躍した宇宙望遠鏡には、ハッブル宇宙望遠鏡のほかプランク（電波：ヨーロッパ）、スピッツァー宇宙望遠鏡（赤外線：アメリカ）やハーシェル宇宙天文台（赤外線：ヨーロッパ）、チャンドラ衛星（エックス線：アメリカ）、フェルミ宇宙望遠鏡（ガンマ線：アメリカなど）があります。2021年にはハッブル宇宙望遠鏡の後継機ジェイムズ・ウェッブ宇宙望遠鏡が打ちあがり、すでに様々な成果を上げています。日本も赤外線天文衛星「あかり」やエックス線天文衛星「すざく」など、多くの宇宙望遠鏡を運用してきました。

　大気の吸収をあまり受けない電磁波の波長領域を「大気の窓」といいますが、それでも大気の影響がまったくないわけではありません。天文台がなるべく標高が高い山の頂き付近に設置されるのは、大気の吸収による影響を極力避けるためなのです。

5 電磁波以外でも天体を観測している？

天体からは様々な電磁波が放射されていますが、天体から放たれているのは電磁波だけではありません。近年は、電磁波以外の手段でも天体を観測できるようになっています。

◎素粒子で探る宇宙

物質をつくる最小単位を**素粒子**といいます。素粒子にはいくつもの種類があり、そのうちの1つが**ニュートリノ**[*1]です。ニュートリノはほかの粒子とほとんど反応せず、非常に高い透過性を持っています。天体からのニュートリノを観測し、天体現象の解明をおこなうのがニュートリノ天文学です。

ニュートリノは恒星の中心部で起きている水素の核融合反応でつくられることがわかっています。デイヴィス[*2]は1964年に太陽から飛来するニュートリノの検出に成功し、太陽内部の理論的モデルから予測されるニュートリノの数よりも実際に観測されるニュートリノの数が少ないことを明らかにしました。このことは太陽ニュートリノ問題といわれ、ニュートリノが別の種類に変わる（例えば電子ニュートリノがミューニュートリノに変わる）ニュートリノ振動と呼ばれる現象が原因であることが後に明らかになっています。

またニュートリノは、大質量星が一生の最期に引き起こす超新星爆発のときにもつくられます。1987年2月に大マゼラン雲で発生した超新星1987Aからのニュートリノは日本の観測装置カミオカンデなどで検出され、超新星爆発の理論モデルの正しさが

*1 ニュートリノには、電子ニュートリノ、ミューニュートリノ、タウニュートリノの3種類がある。
*2 レイモンド・ディヴィス（1914-2006）、アメリカの物理学者。

検証されました。一般的に、このときをもって**ニュートリノ天文学**の幕開けとされます。

　近年では、カミオカンデの跡を継いだ日本のスーパーカミオカンデやフランスの海中に設置されたANTARES、南極の氷床の下に設置されたアイスキューブなどがニュートリノ天文学の最前線で活躍しています（日本ではさらにハイパーカミオカンデ計画が開始されています）。

◎「空間の歪み」で探る宇宙

　質量を持った物体はその重力で周囲の空間を歪めます。その物体が運動をすると、空間の歪みが波となって周囲に伝わっていきます。これを**重力波**といいます。一般相対性理論によってその存在が予言されていた重力波ですが、その「揺れ幅」は非常に小さく、太陽と地球のあいだの距離およそ1億5000万kmが、わずかに水素原子1個分だけ伸び縮みするほどでしかありません。そのため検出には時間がかかり、初めて間接的に検出されたのが1974年、初めて直接検出されたのは2015年のことです。

　また、よほど激しい天体現象でないと人類が検出できるほどの重力波は発生しません。重力波の発生源として考えられているのは、超新星爆発、中性子星やブラックホールどうしの衝突・合体などです。また誕生まもない宇宙でも重力波が発生したと考えられています。逆にいえば、重力波を観測することで超新星爆発のメカニズムに迫ったり、中性子星やブラックホールの性質を調べたり、**電磁波では見ることができない宇宙誕生直後の情報を得たりできる**と期待されています。さらには一般相対性理論の正しさを検証することもできます。これが**重力波天文学**です。

初めて重力波が検出されたのは2015年9月14日のことです（発表は2016年2月11日）。検出された重力波の波形は、太陽の36倍と29倍の質量を持つブラックホールが互いにまわりを回り合って合体し、太陽の62倍の質量のブラックホールがつくられたときに発生したものであることを示していました。このことから、重力波が実際に存在することが直接的に示され、さらにブラックホールの連星が実在すること、それらが現在の宇宙の年齢より短い時間スケールで合体しうることなどを明らかにしました。その後、2023年春までに90件を越える重力波発生イベントが検出されています。

　現在、重力波はレーザー光線を利用した干渉計を用いて検出します。史上初めて重力波を検出したのはアメリカのレーザー干渉計重力波天文台（LIGO）です（ワシントン州とルイジアナ州の2か所に設置）。ほかにもヨーロッパのVirgoや日本のKAGRAが現在、稼働中で、宇宙からやってくる時空のさざなみに耳を澄ませています。

重力波の原理

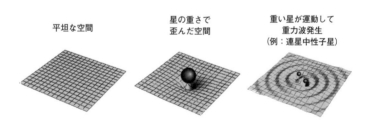

平坦な空間　　　星の重さで歪んだ空間　　　重い星が運動して重力波発生（例：連星中性子星）

◎マルチメッセンジャー天文学時代の到来

ニュートリノや重力波のほかに、宇宙から飛来する高エネルギーの粒子である**宇宙線**（その正体は陽子やヘリウムなどの原子核）でも宇宙の謎を解き明かすことができます。そのような宇宙線の起源を明らかにすることは、超新星爆発や活動銀河など宇宙における高エネルギー現象の解明に役立ちます。

このように電磁波を含め、ニュートリノや重力波、宇宙線を、天体や天体現象の情報を運ぶ「運び手（メッセンジャー）」と見立てて、複数のメッセンジャーを用いて天体現象を総合的に解明する天文学を**マルチメッセンジャー天文学**といいます。

肉眼（可視光）から始まった天文学は17世紀に望遠鏡（可視光）を手にし、20世紀前半には電波による観測がおこなえるようになりました。その後、20世紀後半には赤外線、エックス線、紫外線、ガンマ線と観測波長域が広がり、よりいっそう天体の多角的な情報が得られるようになりました[*3]。一方で20世紀初頭には宇宙線が発見され、1960年代にはニュートリノの観測に成功、2015年にはついに重力波の初検出に至ります。2017年8月17日に検出された史上5例目の重力波は、その検出後にキロノバと呼ばれる爆発現象が電磁波のすべての波長で観測されました。そのことから、これらの現象が中性子星どうしの連星の合体によって生じたこと、そこで金やプラチナといった鉄よりも重い元素がつくられていることなどが明らかにされたのです。

まさにマルチメッセンジャー天文学だからこそあげられた成果といえるでしょう。

＊3　様々な電磁波で天体を観測することを多波長天文学という。

6 どこまでが地球でどこからが宇宙なの？

私たちの頭上には空（大気圏）があり、その先には広大な宇宙空間が広がっています。では、いったいどこまでが大気（地球）で、どこからが宇宙なのでしょうか。

◎地球大気のつくり

大気圏は、その温度の変わり方によって、地表に近いところから対流圏、成層圏、中間圏、熱圏、外気圏といくつかの層に分けられています。それぞれの境目を圏界面といい、下の層の名称を冠します。つまり、対流圏と成層圏の境界は対流圏界面といいます。その高さは緯度や季節によって変化しますので、ここで紹介する数値は大雑把なものだと思ってください。

対流圏は地表にもっとも近い層で、高さが 1 km 上がるごとに約 6.5 度の割合で温度（気温）が下がっていきます。その名の通り、対流によって圏内の大気（空気）がよくかき混ぜられています。大気の総量の 90 % が対流圏に存在しています。雲が発生したり雨が降ったり、といった気象現象が発生するのは、そのほとんどが対流圏内です。対流圏界面の高さは約 15 km です。

成層圏では対流圏とは逆に、高さが上がるにつれておおむね温度が上がっていきます。これは、成層圏中にあるオゾンが太陽からの紫外線を吸収して発熱するためです。オゾンの濃度がとくに高いところをオゾン層といい、高さ約 25 km あたりでもっとも濃くなります。成層圏界面の高さは約 50 km です。

中間圏では、高さが上がるにつれて再び温度が下がっていきま

す。夜光雲[*1] が発生し、また大気をつくる分子や原子が電離してできる電離層があります。中間圏界面の高さは約 80 km です。

熱圏では、高さが上がるにつれて再び温度が上がっていきます。これは、熱圏にある窒素分子や酸素分子が太陽からの紫外線を吸収するためです。オーロラが発生したり流れ星が光ったりするのは熱圏内です。熱圏界面の高さは 500 ～ 1000 km と幅があります。

地球大気のつくり

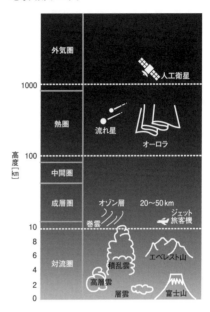

外気圏は大気のもっとも外側の層で、宇宙空間へとつながっています。高さは 1 万 km にもなりますが、大気圏と宇宙空間のあいだに明確な境界があるわけではありません。外気圏からは大気をつくる分子が宇宙空間へと流れ出しています。

◎ **どこから宇宙？**

大気圏と宇宙空間は連続的につながっていますので、宇宙飛行などを定義するためには「ここから宇宙」という線引きが必要になります。世界的によく使われているのは国際航空連盟が定めた、

＊1　地球上でもっとも高いところに発生する、氷を主成分とした雲。

高さ 100 km です。これを提唱者の名をとってカーマン・ライン といいます。東京駅から直線距離で 100 km というとおおよそ静 岡県の三島駅や栃木県の宇都宮駅あたりになります。東京駅から 名古屋駅までが直線距離で約 268 km ということを考えると、宇 宙は意外に近いといえるのかもしれません。

　ちなみに地球の半径は約 6400 km ですから、高さ 100 km とい うのは地球の半径の 1.5 % にすぎません。**地球が直径 1 m のボー ルだとしたら、大気の厚みは 1 cm にも満たない**ということにな ります。しかも、私たちの呼吸に必要な空気の 90 % は対流圏に あるわけですから、対流圏の厚みを 15 km とすると地球半径の 0.2 %、直径 1 m の地球に対して 1 mm もないことになります。 私たちは非常に薄い大気のベールに守られて暮らしているのです。

◎地球を飛び出す

　いくら距離的に宇宙が近いといっても、地球の重力に逆らって 飛ばないと宇宙空間には出られませんから、宇宙へ行くことは容 易ではありません。宇宙空間へ飛び出すためには、ものすごい速 さで飛ぶ必要があります。ボールを速く投げれば投げるほど、そ のボールは遠くへと飛んでいきます。もし**秒速 7.9 km** でボール を投げることができ空気抵抗を無視することができれば、ボール は落ちずに地球のまわりを回るようになります[*2]。時速に直すと 約 2 万 8000 km で、東京から大阪まで約 1 分間で行ってしまう ほどの速さです。高さが上がれば上がるほどこの速さは遅くなり、 高度約 400 km を飛んでいる国際宇宙ステーションの速さは秒速 約 7.7 km です（地球を約 90 分で 1 周します）。

　しかし、第 1 宇宙速度で飛んでいては地球のまわりを回り続け

＊2　この速度を第 1 宇宙速度という。

るだけですから、月や火星などの惑星へ行くことはできません。地球の重力を振り切って太陽系空間へ飛び出すにはさらに速さを**秒速 11.2 km** まで上げる必要があります[*3]。

さて、宇宙へ行くための乗り物がロケットです。ロケットはエンジンで燃料を燃焼させ、高速でガスを噴き出すことによってその反動で飛んで行きます。燃料を燃やすためには酸素が必要ですが、ロケットはあらかじめ燃料として酸素（酸化剤）を積んでいて、それと燃料を混ぜ合わせることで宇宙空間でも燃料を燃やして飛び続けることができるのです。

ロケットには、固体燃料ロケットと液体燃料ロケットとがあります。前者は構造が単純で燃料を搭載したまま長期間保管できる一方で精密な制御が難しく、後者は構造が複雑な一方で細かな制御がしやすく再点火も可能になります。日本はとくに固体燃料ロケットの開発に力を注いできた歴史があり、日本初の人工衛星「おおすみ」を打ち上げたＬ-４Ｓロケットも固体燃料ロケットです。2024 年４月現在、日本は液体燃料ロケットのＨ-ⅡＡロケットと H3 ロケット、固体燃料ロケットのイプシロンロケットを保有し、目的に合わせて使い分けられています。

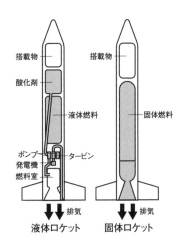

**液体燃料ロケットと
固体燃料ロケットのつくり**

搭載物
酸化剤
液体燃料
ポンプ
発電機
タービン
燃料室
排気
液体ロケット

搭載物
固体燃料
排気
固体ロケット

＊３　この速度を第２宇宙速度という。なお第３宇宙速度もあり、これは太陽の重力を振り切って太陽系外に脱出するのに必要な速度である。

7　人工衛星にはどんな種類があるの？

今日、多くの人工衛星が地球のまわりを回り、私たちの生活に役立てられています。ただし一口に人工衛星といっても様々な種類があります。多彩な人工衛星をご紹介しましょう。

◎目的で分ける

人工衛星の多くは、ある目的を持って打ち上げられます。その目的ごとにどのような人工衛星が活躍しているかを見ていきましょう。

まずは私たちの実生活に直接役に立っている人工衛星たちです。地球上の離れた地点での通信を可能にする**通信衛星**（放送衛星を含む）、航空機や船舶の正確な位置を測定するために用いられる**測位衛星**、宇宙から雲の様子を観測する**気象衛星**などです。放送衛星は、スカパー JSAT 株式会社が運用する JCSAT シリーズなどがあげられます。皆さんも映画鑑賞やスポーツ観戦などで日々お世話になっているかもしれません。測位衛星は、アメリカの GPS がカーナビやスマホの位置情報取得などに利用されているためとくに有名でしょう。日本は準天頂衛星システム（QZSS）を構築し、2018 年度から運用を開始しています[*1]。気象衛星は「ひまわり」が有名ですね。日々のニュースの天気予報などで日本周辺の雲の画像を目にすることも多いかと思います。

私たちが暮らす惑星・地球を観測する人工衛星、地球観測衛星もあります。日本の衛星としては、地図の作成や災害状況の把握に活躍している「だいち」や二酸化炭素やメタンといった温室効

----

*1　使用する人工衛星は「みちびき」。

果ガスの挙動を観測する「いぶき」、降水積雪量や水蒸気量、雲、エアロゾル、植生などを観測する「しずく」「しきさい」などが活躍中です。

新しい宇宙技術獲得のための**試験衛星**も重要です。宇宙空間は特殊な環境ですから、いくら地上で試験をしても足りない点が出てきます。実際に宇宙に打ち上げて動作確認などをする衛星が技術開発・試験衛星です。近年の代表的な技術開発・試験衛星に、レーザー光による衛星間通信の試験を行った「きらり」、衛星通信のさらなる技術発展を目指した「きく8号」などがあります。

好ましい話ではありませんが、宇宙空間の軍事利用も米ロ中などの大国を中心に進められていて、いわゆる軍事衛星も打ち上げられています。偵察衛星が軍事衛星の最たる例で、地上を高解像度で撮影する**光学衛星**と、レーダーを用いて地上の様子をとらえる**レーダー衛星**とがあります[*2]。

宇宙から天体を観測する天文衛星や、遠くの天体に旅立ち人類の目になり替わってその天体を観測する探査機も忘れてはいけません。近年では小惑星探査機「はやぶさ2」が話題になりました。

最後に紹介するのは**宇宙ステーション**です。宇宙ステーションは、人が乗り込み生活することができる人工衛星といえるでしょう。これまで米ソ中の3国が独自に宇宙ステーションを運用してきました。現在は日米欧などが共同で開発した国際宇宙ステーション（ISS）と中国の宇宙ステーション（CSS）が運用されてます。

◎軌道で分ける

人工衛星は地球の重力に縛られてそのまわりを回っているため、自由に動き回れるわけではありません。人工衛星の飛ぶ道す

[*2] 日本も定期的に情報収集衛星を打ち上げているがその詳細は不明。

じを**軌道**といいますが、その軌道によって人工衛星を分類することもできます。ここでは代表的な軌道を紹介しましょう。

　地上からの高さが上がれば上がるほど人工衛星が飛ぶ速さは遅くなりますが、赤道の上空、高さが約3万6000 kmの軌道であれば、人工衛星の公転周期が24時間となり、地上からは人工衛星が静止しているように見えます。このような軌道を**静止軌道**といい、静止軌道を公転する人工衛星を**静止衛星**といいます。常に日本周辺の雲の様子を撮影する必要がある気象衛星「ひまわり」や放送衛星などが静止軌道に打ち上げられます。

　一方で、地表をまんべんなく観測するためには、北極と南極の上空を通る極軌道が便利です。とくに**太陽同期準回帰軌道**と呼ばれる軌道は、観測する地域の上空を同じ時間帯に通過することができるため、太陽の光が地表に同じ角度で当たり、条件をそろえて観測することができます。

太陽同期軌道と準回帰軌道

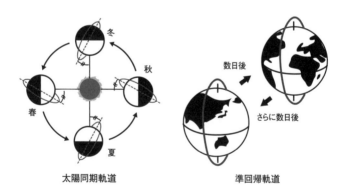

冬

秋

春

夏

太陽同期軌道

数日後

さらに数日後

準回帰軌道

260

◎宇宙のごみ問題

　人工衛星は永遠に使い続けられるわけではありません。修理や燃料を補給することはほとんどできませんから、壊れたり燃料がなくなったりした時点で寿命を迎えることになります。問題はそのあとです。寿命を迎えた人工衛星をそのまま放置してしまうと、地球のまわりがゴミだらけになってしまいます。使われなくなった人工衛星に加え、打ち上げに使われたロケット本体やその一部などをまとめて**スペースデブリ**と呼んでいます[*3]。人工衛星をスペースデブリとしないためには、使用後に地球大気圏に突入させるか、高い軌道（墓場軌道）まで運ぶかの2通りがあります。飛ぶ高さが低い人工衛星の場合は、大気との摩擦によって徐々に高さが落ちていき自動的に地球大気圏に突入していきますが、大きな人工衛星の場合は破片が地上まで到達し被害を及ぼす可能性があるため、事前にしっかり制御をして海洋上に落とすことにしています。墓場軌道は静止軌道よりもさらに $200 \sim 300\,\mathrm{km}$ ほど高い軌道で、静止衛星はこの軌道に廃棄されます。

　近年、スペースデブリの数は著しく増えています。その数は**$10\,\mathrm{cm}$ 以上のものだけで 2 万個を軽く超えます**。それらのほとんどは地上から監視され軌道が明らかにされているので、人工衛星にぶつかりそうなときは回避行動をとることができますが、$10\,\mathrm{cm}$ 未満のスペースデブリはその数の把握すら困難です。

　現在、スペースデブリを何らかの方法で回収しようと技術開発が進められていますが、実用化には至っていません。今後、人間が気軽に宇宙に行けるようになるためには、宇宙のごみ問題を片づける必要があるのです。

＊3　中には宇宙飛行士が作業中に落とした工具や部品などもある。

8 初めて宇宙から地球を見たのは誰？

いうまでもなく、人が宇宙へ行くことは簡単ではありません。
これまで人類が挑み続けてきた宇宙への挑戦の歴史を振り返っ
てみましょう。

◎宇宙開発競争の始まり

ロケットそのものの歴史がいつ始まったのかは定かではありま
せん。中国ではすでに宋の時代（西暦1000年頃）に、火箭と呼ば
れるロケット花火のような兵器が使われていたといわれていま
す。しかし、ロケットが宇宙へ行くための手段として認識される
ようになったのは20世紀初頭のことです。1903年、ツィオルコ
フスキー[*1]はロケットで宇宙に行くことができることを数式で
示し、1926年にはゴダード[*2]が初めて液体燃料ロケットの打ち
上げ実験をおこないます。その後、戦争の後押しを受けて、とく
にドイツでロケット開発が進められていきます。初めて宇宙空間
に到達したロケットはドイツが打ち上げたV2でしたが、残念な
がらそれは弾道ミサイルとして開発されたものでした。終戦後、
ドイツのロケット技術はアメリカと旧ソ連に技術者とともに渡
り、さらなる改良が加えられていきました。そして1957年10月
4日、ついにソ連が世界初の人工衛星**スプートニク1号**の打ち上
げに成功します。スプートニク1号は約96分で地球を1周し、0.3
秒ごとに衛星内部の温度状況を発信してきました。

スプートニク1号の打ち上げ成功は、アメリカに大きな衝撃を
与えます。ソ連に対し軍事的優位を保ちたいアメリカは危機感を

＊1　コンスタンチン・ツィオルコフスキー（1857-1935）, ロシアの物理学者。
＊2　ロバート・ゴダード（1882-1945）、アメリカのロケット研究者。

募らせ、1958年1月31日、ようやくアメリカ初の人工衛星エクスプローラー1号の打ち上げに成功します。こうして米ソを中心とした宇宙開発競争の幕が切って落とされたのです。

◎「地球は青かった」

その後も宇宙開発競争はソ連のリードで進んでいきました。1959年1月にはルナ1号が初めて地球の重力を振り切って人工惑星となり、同年9月にはルナ2号が初めて人工物として初めて月面に到達（衝突）しました。一方、アメリカも負けてはいません。1959年2月には初めて人工衛星を極軌道へ投入、同年8月には初めて人工衛星から地球を撮影することに成功しました。

そして1961年4月12日、ついに人間が宇宙へと飛び立ちます。人類初の宇宙飛行士に選ばれたのは、**ソ連のガガーリン**です[*3]。彼は宇宙船ボストーク1号に乗り組み地球を1周、約108分間の宇宙飛行をおこない無事に地球に帰還しました。人類として初めて宇宙から地球を見下ろしたガガーリンは「地球は青かった」と語ったといわれていますが、実際にそう言ったわけではなく、宇宙飛行士らしく冷静に地球の様子を観察し報告したときの言葉が意訳されたものです。

◎人類、月に立つ

有人宇宙飛行においてもソ連に先を越されたアメリカはソ連から宇宙開発競争のトップランナーの座を奪うために、人類初の月面着陸計画である**アポロ計画**を立ち上げます。1960年代のうちに人間を月へ送り込み、無事に帰還させるという計画です。アメリカでは莫大な予算がつぎ込まれ、ロケットや宇宙船の開発が進

---

*3　ユーリ・アレクセーエヴィッチ・ガガーリン（1934-1968）、ソ連の軍人、宇宙飛行士。

められるとともに、マーキュリー計画やジェミニ計画といった月着陸に向けた技術獲得のための有人宇宙飛行がおこなわれていきました。もちろん、アメリカに対抗するためソ連でも月着陸計画がスタートします。当初は、やはりソ連のほうが優勢でした。1963年には初の女性宇宙飛行士[*4]が宇宙飛行に成功、1964年には初めて複数の人間が同時に宇宙飛行をおこないます（ボスホート1号）。1965年には人類初の船外活動（宇宙遊泳）をもソ連が成功させます[*5]。しかし、アメリカも巻き返しをはかります。ソ連から遅れること3カ月、アメリカ人が初の船外活動をおこないます（ジェミニ4号）。さらに同年のうちにジェミニ6A号とジェミニ7号が初の有人宇宙船どうしのランデブー飛行に、1966年にはジェミニ8号が初の宇宙空間における無人衛星とのドッキングに成功します（有人宇宙船どうしのドッキングは1969年にソユーズ4号と5号で初めて成功）。そして1968年の**アポロ8号**の飛行でついにアメリカはソ連を追い抜きます。アポロ8号の乗組員は人類として初めて月のまわりを回り、無事に帰還することに成功します。このとき3人は、初めて地球全体を宇宙から見た人間となったのです。また彼らは月面から地球が昇る「地球の出」を初めて目撃し、このとき撮影された写真は「史上もっとも影響力を持った写真」ともいわれます。その後もアメリカは順調に歩みを進め、1969年7月21日、**アポロ11号**が月面に着陸し2人の人間[*6]が月に降り立ちました。こうして、国家の威信をかけて進められた宇宙開発競争は、アメリカの勝利で幕を閉じたのです。

◎対立から協調へ

アポロ計画は17号で終了し、その後アメリカは惑星探査計画

---

*4　ワレンチナ・テレシコワ (1937-)。
*5　船外活動を行ったのはアレクセイ・レオーノフ (1934-2019)。
*6　ニール・アームストロング (1930-2012) とバズ・オルドリン (1930-)。

へと軸足を移しつつ、有人宇宙飛行計画としては再使用型の宇宙船である**スペースシャトル**の開発に舵を切ります。一方のソ連は、有人月着陸こそ達成できなかったものの、無人月探査機による月の岩石のサンプルリターンに成功、惑星探査に加え宇宙ステーション計画を進めていくように

アポロ8号の乗組員がとらえた「地球の出」

なります。ソ連は1971年、初の宇宙ステーションを打ち上げ、その後、後継機**ミール**の建設を開始します。ミールには15年間でソ連（ロシア）のみならず世界各国から100人を超える宇宙飛行士が訪れました。

　アポロ計画が終了した頃から、宇宙開発において米ソの歩み寄りがされるようになります。1975年、地球周回軌道上で米ソの宇宙船が初めてドッキングし、乗組員どうしが国旗の交換や食事会などをおこないました。その後はミールとスペースシャトルのドッキングが数回おこなわれるなど、宇宙開発は国際協調で進められる時代に変わり、1998年には米ロにカナダやヨーロッパ、日本を加わえ、国際宇宙ステーション（ISS）の建設が始まります。ISSは2011年に完成し、これまでに23か国の宇宙飛行士を受け入れてきました。宇宙も国際色豊かな時代になったのです。

9 宇宙での生活はどんな感じなの？

国際宇宙ステーションの建設が始まって以来、常に誰かが宇宙で暮らすようになりました。宇宙に行った彼ら彼女らは、日々どのような生活を送っているのでしょうか。

◎国際宇宙ステーションでの生活

　国際宇宙ステーション（International Space Station：ISS）は、人類がこれまでに建設したもっとも巨大な有人宇宙施設です。太陽電池パドルなどを含めた大きさは約110 m×約73 mで、サッカーのフィールドとほぼ同じ大きさです。実験や研究をおこなう仕事場としての「実験モジュール」や生活の場となる「居住モジュール」などがあり、宇宙服を着なくても生活ができるよう、地球の大気とほとんど同じ状態が保たれています。現在、**ISS には常時 6 人の宇宙飛行士が滞在**しています（半年ごとに 3 人が入れ替わります）。

　ISS での生活は、協定世界時*1 で送られています（スケジュールは右図の通り）。体力トレーニングは微小重力空間において筋肉や骨が弱くなるのを防ぐためにおこないます。休日は週に 2 日（土・日曜日）で、祝日は各国の祝日の中から半年間に 4 日、クルーごとに決めることができます（自国の祝日以外も可）。

　食事は、肉 / 魚、野菜 / スープ、ドリンクなどの種類毎に 16 日間単位でパッケージ化されていて、各宇宙飛行士はそれぞれのパッケージの中から自分の好みの食品を選ぶことができます。補給船が到着した直後は生の野菜や果物を食べることもできますが、基本的にはレトルト食品やフリーズドライ食品、缶詰などで

＊1　日本との時差は −9 時間。

ISS における宇宙飛行士の生活スケジュール

朝食	洗顔など	地上との作業確認	作業	昼食	作業	体力トレーニング	夕食	自由時間
1h	0.5h	2h		1.5h		2.5h	1h	1h

　す。主にアメリカとロシアが開発した宇宙食を食べることになります。クルー選択食として自国の宇宙食を持ち込むこともできます*2。残念ながらお酒は飲むことができません（もちろん喫煙も不可です）。

　微小重力下では水が流れませんので、顔を水で洗ったり、シャワーを浴びたりすることはできません。身体の汚れはボディシャンプーを含ませたタオルで拭くだけ、髪は水を使わずに洗えるシャンプーを使って洗い乾いたタオルで拭きとるだけです。トイレは地上の洋式便器と似ていて、身体が浮かないように固定し、掃除機のような機械で排泄物を吸い込むようになっています。

　自由時間には本を読んだり音楽を聴いたり、DVD で映画を見たりすることができます。家族とメールのやり取りもできますし、最近では宇宙から SNS で情報を発信する宇宙飛行士もいます。

　肝心の「仕事」ですが、微小重力や高真空といった宇宙空間ならではの環境でしかおこなえない科学実験・研究はもちろんのこと、ISS の保守・点検、ロボットアームや船外活動の訓練など様々です。

---

　*2　日本独自の宇宙食としては、焼き鳥やサバの味噌煮、羊羹、山菜おこわ、ラーメンなどがある。

◎日本の宇宙飛行士たち

　2020年7月現在、12人の日本人が宇宙へと飛び立ち、活躍をしてきました。この数はアメリカ、ロシアについで**世界第3位**です[3]。日本人として初めて宇宙へ行ったのは、TBSの記者だった秋山豊寛氏で1990年のことです。ソ連のソユーズ宇宙船に搭乗して宇宙ステーション・ミールで9日間滞在しました[4]。

　職業宇宙飛行士として初めて宇宙へ行った日本人は毛利衛氏です。1992年、スペースシャトル・エンデバーに搭乗し様々な科学実験をおこないました。1994年には向井千秋氏がスペースシャトル・コロンビアで宇宙に向かい、当時、女性の宇宙滞在最長記録（16日間）を樹立しました。1996年のスペースシャトル・エンデバーで宇宙に向かった若田光一氏は、日本人初のミッションスペシャリストとして初めてシャトルのロボットアームの操作をおこないました。若田氏は2000年、2009年、2013年、2022年にも宇宙飛行をおこない、その回数は2020年7月現在で日本人最多です。日本人として初めて国際宇宙ステーション（ISS）の組み立てに携わり、初のISS長期滞在も成し遂げました。2014年3月には日本人初のISSコマンダー（船長）に就任しています。1997年にスペースシャトル・コロンビアで宇宙飛行を行った土井隆雄氏は、日本人初の船外活動をおこないました。2005年と2009年には野口聡一氏が、2008年と2012年、2021年には星出彰彦氏が、2010年には山崎直子氏が、2011年、2023年には古川聡氏が、2015年には油井亀美也氏が、2016年には大西卓哉氏が、2017年には金井宣茂氏がそれぞれ宇宙飛行を行っています。2010年には史上初めて、2人の日本人がISSに滞在しました[5]。

＊3　日本人の宇宙滞在時間も米ロに次いで第3位の長さ。
＊4　宇宙からの第一声が「これ、本番ですか？」だったことはよく知られている。
＊5　野口聡一氏と山崎直子氏。

◎誰でも宇宙へ行ける時代へ

　では、誰もが気軽に宇宙へ行ける時代はいつやってくるのでしょうか。世界で初めて自費で宇宙旅行へ行ったのはアメリカのデニス・チトー氏です。彼はソユーズ宇宙船に搭乗して国際宇宙ステーション（ISS）へ向かい、8 日間の滞在の後に地球へ帰還しました。費用は2000 万ドル（日本円にして約 22 億円）だったそうです。以降、5 人の民間人（全員が実業家）がソユーズ宇宙船で ISS を訪問しています。なおチトー氏以前にも、前述の秋山豊寛氏など、宇宙へ行った民間人は何人かいます。

　初めて民間の宇宙船で有人宇宙飛行を達成したのはスケールド・コンポジッツ社が開発したスペースシップワンです。2004 年 6 月 21 日のことでした。これは弾道飛行で、地球のまわりを回ったわけではありません。微小重力状態が続いたのは、わずかに 3 分ほど。ただ、このような弾道宇宙飛行がもっとも手軽な宇宙旅行といえるでしょう。アメリカのヴァージン・ギャラクティック社は 2005 年から宇宙旅行のプランの販売を開始し、すでに世界中で数百人が申し込みをしているそうです。費用は 25 万ドル（日本円にして約 2750 万円）です。一方でISS へ滞在する宇宙旅行も実現しそうです。2019 年 4 月、アメリカの NASA は 2020 年以降に ISS への民間の宇宙旅行者を受け入れると発表しました[6]。また 2019 年 12 月には、ロシアの宇宙船ソユーズによる ISS への宇宙旅行も再開すると報じられました。費用は前者が 5200 万ドル（日本円にして約 57 億円）、後者が 25.7 億ルーブル（日本円にして約 45 億円）とのことです。残念ながら、まだまだ金額としては非常に高額ですが、技術が進歩し、飛行回数を重ねていけば、費用は抑えられるようになるはずです。誰もが宇宙に行ける時代は、ゆっくりとはいえ確実に近づいてきているのではないでしょうか。

　　＊6　往復に使用されるのはスペース X 社のドラゴン宇宙船。

10 初めて宇宙に行った生きものは何？

宇宙へと旅立った生きものは人間だけではありません。様々な実験のため、実に多くの種類の生きものが、これまで宇宙へ運ばれていったのです。

◎宇宙へ行った生きものたち

　宇宙開発が始まってまもない頃は、微小重力などの宇宙空間の特殊な環境が人体にどのような影響を与えるのか、何もわかっていませんでした。そこで、人類が宇宙に進出する前に、他の生きものたちが宇宙で生き延びられるか試験されたのです。

　初めて宇宙へと送られた生きものは**ハエ（ミバエ）と植物（ライ麦とワタ）の種子**です。ガガーリンによる人類初の宇宙飛行からさかのぼること 14 年、1947 年のことでした。アメリカが V2 ロケットを用いて打ち上げ、高さ約 110 km に到達したのち無事に生きて回収されました。初めて宇宙船に乗って地球のまわりを回った生きものは、1957 年に打ち上げられたスプートニク 2 号（ソ連）に乗せられたライカという名のメス犬です。当時は地球を回る軌道から宇宙船を安全に地上へ帰還させる技術が開発されていなかったため、ライカの宇宙への旅は戻ってくることができない片道切符でした。当初の予定では打ち上げから 7 日後に毒殺される予定でしたが、実際にはストレスと熱中症の影響で打ち上げ数時間後には亡くなってしまったそうです。地球のまわりを回った後に無事に帰還した最初の生きものは、1960 年に打ち上げられたスプートニク 5 号（ソ連）に乗せられた 2 匹のイヌ[*1]、1 匹の

[*1]　名前はベルカとストレルカといった。

ウサギ、2匹のラット、ほか植物や菌類などです。1968年にはゾンド5号（ソ連）にリクガメやハエなどが乗せられ、人類に先立って月のまわりを回ったあと無事に地球に帰還しています。

　1960年代後半からは、宇宙の環境が生きものにどのような影響を及ぼすのか、といった生理学的影響を調べる目的で、様々な種類の生きものが宇宙へと運ばれていきました。例えば1973年にはアメリカの宇宙ステーションでクモが微小重力下でも巣を張れるかどうかという実験がおこなわれ*²、1979年に打ち上げられたビオン5号（ソ連）では初めて宇宙での哺乳類（ラット）の繁殖実験がおこなわれています（実験自体は失敗）。

　日本もスペースシャトルや国際宇宙ステーション（ISS）で様々な生物実験を行っています。1994年には向井千秋氏がスペースシャトル内でメダカの交尾・産卵・孵化をさせることに成功しています。宇宙で脊椎動物の交尾・産卵・孵化が成功したのはこれが初めてのことでした*³。

クモは微小重力下でも巣を張れた！

＊2　この実験は高校生によって提案されたもの。
＊3　その子孫たちは「宇宙メダカ」と呼ばれ、日本各地の科学館等で見ることができる。

◎宇宙で農業

　宇宙には動物だけでなく植物も運ばれ、発芽実験や成長実験などがおこなわれてきました。その結果、環境を整えさえすれば、植物は宇宙でも発芽して成長し、花を咲かせ実をつくることが明らかになっています。となると、工夫次第で宇宙船内で植物を栽培することも可能ということになります。では、なぜ宇宙船内で植物を栽培する必要があるのでしょうか。

　まずは、宇宙船内における食糧の自給のためです。例えばISSでは、食糧はすべて地上からの補給によって賄われています。地球のまわりを回っているISSではそれが可能ですが、人間が火星などに行くことを考えると、すべての食糧を最初から宇宙船内に搭載するよりは船内で自給できたほうが、余裕が持てるでしょう。月や火星に基地をつくる場合も同様です。

　また、宇宙船内の環境維持の一助になります。宇宙船は閉鎖空間です。例えば何もしなければ人間の呼吸に必要な酸素は減り続け、代わりに吐き出される二酸化炭素は増えていきます。酸素は水を電気分解することで得られ、二酸化炭素は除去装置で取り除かれますが、植物は光と水さえあれば光合成によって勝手に二酸化炭素を吸収して酸素を放出してくれるのです。

　最後に、人間に対する心理的効果が期待できます。植物の世話をすることは、人間のストレス緩和に役立つことが知られています。またISSでは補給船が到着した直後しか生鮮食品が食べられませんが、船内で野菜を栽培すればいつでも生の野菜を食べることができ、これも健康維持やストレスの軽減につながります。

　ISSではこれまでに水菜やロメインレタスなどの栽培実験がおこなわれ、2015年には油井亀美也氏がISSで栽培されたロメイ

ンレタスを収穫、試食しています。また2018年には宇宙でトマトの栽培実験をするための人工衛星が打ち上げられました。遠い将来、月に旅行に行って月面産の野菜でつくられたサラダを食べる、そんな日がやってくるかもしれませんね。

◎宇宙で生きものを捕まえる!?

　ここまでは、地球で生まれた生きものが宇宙へ行く、または宇宙で生きものを繁殖させる（栽培する）話をしてきました。最後に、宇宙で生きものを捕まえる話を紹介しましょう。何のことやら、と思われるかもしれませんが、まじめな話です。

　地球は生命あふれる惑星ですが、最初の生命はどこで生まれたのでしょうか。一説には、生命の材料となる物質が宇宙から運ばれ、それらが地球上のどこかで化学反応を起こして生命を形作っていったと考えられています。一方で、生きものそのものが宇宙からやってきたという説もあるのです[4]。また、地球の高層大気中からも細菌が発見されていることから、逆に地球の生きものが何らかのきっかけで宇宙空間に飛び出し他の天体に流れ着くこともあるかもしれません。そこで、日本の研究チームが、地球のすぐ近くの宇宙空間において塵を採取し、その中に有機物が含まれているかどうか、地球由来の微生物が含まれていないかどうかを調べる計画を進めています。これを「たんぽぽ計画」といいます。「たんぽぽ計画」ではISSの日本実験棟「きぼう」の船外実験プラットフォームにエアロゲルを収納した装置を取り付け、宇宙空間を漂っている微粒子を採取しました。また微生物を宇宙空間に晒す実験もおこないました。すでにエアロゲル装置の回収はおこなわれ、微粒子の採取に成功、分析が続けられています。

＊4　これをパンスペルミア説という。

11 人類はどれだけの探査機を宇宙に送ったの?

人類の目や手の代わりとなって天体を詳しく調べてくれる探査機たち。輝かしい成果をあげた彼らの活躍を、ごく一部ですが紹介しましょう。

◎探査の方法

探査機には様々な種類がありますが、ここでは探査機の軌道という観点で探査方法を分類してみましょう。

まずは、**フライバイ**です。これは天体のすぐ近くを通過しながら写真を撮影したりデータを取得したりする探査方法で、技術的に容易な反面、天体の全面を調べることができない、継続的な観測をおこなうことができない、というデメリットがあります。

フライバイと同じくらい容易なのが**インパクター**（衝突）です。文字通り、天体の表面に探査機を激突させ、その直前まで天体を撮影し続けることで天体の詳細な姿をとらえることができます。また、探査機の一部（またはすべて）を衝突させて人工的にクレーターを生成する探査方法もあります。

現在、もっともよく使われる探査方法の1つが**オービター**（軌道周回）です。これは天体のまわりを一定期間回り続け、天体やその衛星の様子を詳細に観測する方法です。技術的な困難はともないますが、その天体を長ければ十数年間にわたって調べ続けることができます。

オービターに似た探査方法に**ランデブー**があります。これは探査機を天体と併走させ、天体の自転を利用してその天体の全面を

観測する方法です[1]。

　さらに難易度が上がるのが**ランダー**（軟着陸）です。天体の表面に着陸し探査をおこないます。天体の表面を間近にとらえることができるほか、岩石や土壌といったサンプルを採取して種々の実験を行ったり、天体表面を掘削して地下の様子を探ったりすることができます。ただランダーは天体表面のある一点しか探査することができません。

　そのデメリットをカバーするために送り込まれるのが**ローバー**（探査車）です。惑星表面を自由に動き回れるローバーは、オービターにはかなわないものの広範囲を移動して探査をすることができます。

　探査機を打ち上げる際にシビアなのが重量制限です。巨大な分析装置はどうしても搭載していくことができません。その天体のサンプルを地球に持って帰ることができれば、地上の大型分析装置をいくつも使うことができますし、サンプルを保管しておけば分析技術が進歩したあとも最新の装置で改めて調べることができます。天体からのサンプルを地球に持ち帰る探査方法を**サンプルリターン**といいます。探査機が地球に帰還するためには天体の重力を振り切って再び宇宙に飛び出す必要があることと、地球大気圏に安全に再突入する必要があるため、高度な技術が必要です。そのため重力が小さい天体のほうがサンプルリターンは容易で、これまで月と小惑星、彗星で成功しています。

　究極の探査方法は、なんといっても有人探査でしょう。訓練された科学者による調査は、探査機では得ることができない情報を手に入れることができます[2]。

＊1　日本の小惑星探査機「はやぶさ」や「はやぶさ2」はこの方法を採用。
＊2　もちろんかなりの危険がともなうため、無人探査機とは比べものにならないくらい安全性を高める必要があるが、それに見合う価値が有人探査にはある。

様々な探査方法

フライバイ

オービター

ローバー

ランダー

有人探査

◎身近な天体へ　〜月・金星・火星・水星探査〜

　探査機の歴史は、地球にもっとも近い天体・月の探査から始まりました。初めて月へのフライバイに成功した探査機は 1959 年に打ち上げられたルナ 1 号です。同年内にはルナ 2 号が月面衝突を、ルナ 3 号が月の裏側の撮影をそれぞれ成功させています。月への軟着陸に初めて成功したのはルナ 9 号、月のまわりを回ることに初めて成功したのはルナ 10 号です（いずれも 1966 年）。ルナ・シリーズはこのように輝かしい成果を収めました。なお、ルナ・シリーズは 1970 年には無人サンプルリターンに成功しています（ルナ 16 号）。近年は中国の月探査の進展がめざましく、2013 年には中国として初めて、世界的にも米ロに続いて 3 番目に、探査機の月面への軟着陸を成功させています（嫦娥 3 号）。**2019 年には嫦娥 4 号が史上初めて月の裏側への軟着陸に成功しました。**

　金星探査はとくにソ連が力を入れ、1960 年代後半から 70 年代にかけてベネラ探査機を盛んに金星へ送り込みました。1967 年

にはベネラ 4 号が初めて金星大気に突入し、地球へデータを送信することに成功し、70 年にはベネラ 7 号が初めて金星表面への軟着陸に成功しています。近年ではヨーロッパがビーナス・エクスプレスを（2006 年）、日本が「あかつき」を（2010 年）それぞれ打ち上げ、主に金星大気の観測をおこなっています。

　太陽系の 8 惑星のうち、もっとも多くの探査機が送りこまれているのが火星です[*3]。2020 年 7 月現在、成功したものだけでも 25 機の探査機が送りこまれ、7 機が火星探査を継続中です。1997 年にはマーズ・パスファインダーが着陸、初のローバーとなる「ソジャーナ」を走らせました。その後、ローバーは大型化していき、スピリット、オポチュニティ、キュリオシティ、パーサヴィアランスといったローバーがこれまでに活躍しています。

　太陽系のもっとも内側を公転する惑星・水星は、地球からの距離がそこまで遠くないにもかかわらず、これまで探査機は 2 機しか送り込まれていません[*4]。初めて水星のフライバイ探査をおこなったのがマリナー 10 号（1973 年）で、その後メッセンジャー（2011 年）が初めて水星のまわりを回る探査機となりました。現在、日本とヨーロッパが共同で国際水星探査計画ベピ・コロンボを進めており、2 機の探査機が水星へと航行中です（水星到達予定は 2025 年）。

◎太陽系の果てへ　〜 巨大惑星・外縁天体探査 〜

　火星より遠くの惑星探査は、1970 年代に入ってようやく実現しました。木星や土星へは到着までに時間がかかるため、1 機の探査機で複数の惑星を探査できるよう軌道設計され、タイミングが見計られて打ち上げられることもしばしばです。1973 年に打ち上げられたパイオニア 10 号が初の木星探査機に、翌年打ち上

　＊3　とくに火星は生命が存在する可能性が高いと推測されていたため、火星探査は地球
　　　外生命探査の側面を持っている。
　＊4　太陽に近い、質量が小さいなどの理由で探査が難しいことが理由。

げられたパイオニア 11 号が初の土星探査機となりました。特筆すべきは 1979 年に打ち上げられたボイジャー 1 号と 2 号でしょう。両機ともに木星と土星を探査、2 号はさらに初めて天王星と海王星にも接近しました。両機は現在も稼働中で、太陽系外縁部の情報を私たちに送り続けています。1997 年にアメリカとヨーロッパが共同で打ち上げたカッシーニは、14 年にもわたり土星とその衛星の探査を続け、2005 年には衛星タイタンにランダー「ホイヘンス」を投下させることに成功しています。

　かつて惑星であった冥王星には 2015 年にアメリカのニューホライズンズが到達、フライバイをおこないました。その後同機は 2019 年に外縁天体アロコスのフライバイにも成功しています。

◎小さな星を探る　〜 小惑星・彗星探査 〜

　惑星だけではなく、太陽系の影の主役である太陽系小天体（小惑星や彗星など）も精力的に探査が進められています。

　初めて小惑星に接近しフライバイ探査を行ったのはアメリカの木星探査機ガリレオです。ガリレオは木星に向かう途中、小惑星ガスプラと小惑星イダに近づき写真を撮影、イダに小惑星として初めて衛星（ダクティル）を発見しています。

　彗星にも多くの探査機が訪れ、多彩な探査をおこなっています。1986 年には 76 年ぶりに地球に近づいたハレー彗星を観測するため各国が彗星探査機を打ち上げ、次々とハレー彗星に接近していきました。その様子は「ハレー艦隊」とも呼ばれ、ソ連のベガ 1 号を先陣に、日本の「すいせい」やヨーロッパのジオットなど 6 機の探査機がハレー彗星を多面的に調べることに成功しました。彗星の核の姿が初めてとらえられたのもこのときです。

おわりに

『図解　身近にあふれる「天文・宇宙」が３時間でわかる本』いかがでしたでしょうか。

　私はプラネタリウムがある博物館に学芸員として勤めていますが、そこで来館者の皆さんからいただく質問が、本書を形作る礎となっています。皆さんが日々抱いている宇宙に対する疑問が１つでも氷塊したのであれば、著者としてこれに勝る喜びはありません。数式はほぼ使わず、なるべくわかりやすく書いたつもりではあるのですが、それでも「う〜ん？？」と理解できないところがあったならば、私の文章力のなさゆえです。お許しください。

　天文学・宇宙科学の世界は幅広く、奥深く、また星や宇宙は様々な事柄と結び付いていますので、それらをすべて取り上げることは到底かないません。本書を読んでより興味を持っていただけたのであれば、さらに詳しく書かれている本を読んだり、プラネタリウムに足を運んだり、実際に夜空を見上げたりしていただければと思います。

　天文学の進展は日進月歩です。たった１つの発見が人類の宇宙に対するこれまでの理解をくつがえしたり、大きく進めたりすることもしばしばです。本書はなるべく最新の知見を取り入れたつ

もりではありますが、すぐに古くなってしまう内容も多々あるでしょう。ご勘弁いただくとともに、ぜひ最新の情報に触れていただければと思います。

　現在は天文学数千年の歴史の中で、もっともエキサイティングな時代だと思います。ここ 30 年間で、系外惑星の発見、重力波の検出、ブラックホールの「影」の撮影などエポックメーキングなできごとが数多くありました。探査機は冥王星の姿に迫り、彗星や小惑星のかけらを持ち帰ることに成功し、太陽圏を脱出しました。宇宙の年齢も高い精度で求まり、私たちに身近な物質が宇宙のたった 5 ％しか占めていないことも明らかになったのです。このような時代に天文学に触れることができる楽しさ、高揚感を、ぜひ皆さんにも味わって欲しい、本書がそのきっかけになれば、と切に願っています。

　最後になりましたが、編集を担当してくださった田中裕也さんには本当にお世話になりました。遅筆でなかなか原稿をあげない私のことを辛抱強く待ってくださいました。本書がこうして形になったのも、田中さんのおかげです。感謝申し上げます。またコスモプラネタリウム渋谷の馬上千優さんには、本書で取り上げるトピックをリストアップする際、同業者の視線からアドバイスをいただきました。ありがとうございます。そして何より、夜な夜な執筆に集中できたのは、妻・萌のおかげです。ありがとう。

　それでは、皆さん、また宇宙のどこかでお会いしましょう。

2020 年 8 月　塚田 健

参考文献 ／ もっと深く知りたい人に

（★は著者の主観による難易度・読みやすさで、★の数が多いほど難しくなります）

◎全体

天文宇宙検定委員会編『天文宇宙検定公式テキスト 2〜4 級』恒星社厚生閣（2019/2020）　★

日本天文学会編『シリーズ現代の天文学 全 17 巻』日本評論社（2007-2009）　★★★

渡部潤一『夜空からはじまる天文学入門 素朴な疑問で開く宇宙のとびら』化学同人（2009）　★

縣秀彦『面白くて眠れなくなる天文学』PHP 研究所（2016）　★

半田利弘『基礎からわかる天文学 太陽系から銀河、観測技術や宇宙論まで』誠文堂新光社（2011）　★★

中嶋浩一『天文学入門 星とは何か』丸善出版（2009）　★★

尾崎洋二『宇宙科学入門』東京大学出版会（2010）　★★

◎第 1 章

駒井仁南子『星空がもっと好きになる New edition! 星の見つけ方がよくわかる もっとも親切な入門書』誠文堂新光社（2018）　★

木村直人『新版 よくわかる星空案内』誠文堂新光社（2017）　★

永田美絵・廣瀬匠『ときめく星空図鑑』山と渓谷社（2012）　★

藤井旭『改訂新版 全天星座百科』河出書房新社（2013） ★

廣瀬匠『天文の世界史』インターナショナル新書（2017） ★

嘉数次人『天文学者たちの江戸時代 暦・宇宙観の大転換』ちくま新書（2016） ★

片山真人『暦の科学』ベレ出版（2012） ★

澤村泰彦『里に降りた星たち』平塚市博物館（2010） ★

出雲晶子『星の文化史事典 増補新版』白水社（2019） ★

北尾浩一『日本の星名事典』原書房（2018） ★

◎第2章

上出洋介『太陽のきほん』誠文堂新光社（2018） ★

花岡庸一郎『太陽は地球と人類にどう影響を与えているか』光文社新書（2019） ★

鈴木建『高校生からの天文学 驚異の太陽 太陽風やフレアはどのように起きるのか』日本評論社（2020） ★★

白尾元理『月のきほん』誠文堂新光社（2017） ★

寺薗淳也『夜ふかしするほど面白い「月の話」』PHP研究所（2017） ★

渡部潤一『最新・月の科学 残された謎を解く』NHK出版（2008） ★

佐伯和人『世界はなぜ月をめざすのか 月面に立つための知識と戦略』講談社ブルーバックス（2014） ★

◎第3章

室井恭子・水谷有宏『惑星のきほん』誠文堂新光社（2017）　★

寺門和夫『まるわかり太陽系ガイドブック』ウェッジ選書（2016）　★

井田茂・本中泰史『ここまでわかった 新・太陽系』サイエンス・アイ新書（2009）　★

渡部潤一 他『星の地図館 太陽系大地図』小学館（2009）　★

渡部潤一・渡部好恵『最新 惑星入門』朝日新書（2016）　★

渡部潤一・布施哲治『太陽系の果てを探る 第十番惑星は存在するか』東京大学出版会（2004）　★★

長沢工『流星と流星群 流星とは何がどうして光るのか』地人書館(1997)　★

牧嶋昭夫『宇宙岩石入門 起源・観測・サンプルリターン』朝倉書店(2020)　★★

鈴木文二・秋澤宏樹・菅原賢『彗星の科学―知る・撮る・探る』恒星社厚生閣（2013）　★★

◎第4章

駒井仁南子『星のきほん』誠文堂新光社（2017）　★

Arnab Rai Choudhuri『天体物理学』森北出版（2019）　★★★

鳴沢真也『へんな星たち 天体物理学が挑んだ10の恒星』講談社ブルーバックス（2016）　★

阿部豊『生命の星の条件を探る』文藝春秋（2015）　★★

成田憲保『地球は特別な惑星か？ 地球外生命に迫る系外惑星の科学』講談社ブルーバックス（2020） ★

田中雅臣『星が「死ぬ」とはどういうことか』ベレ出版（2015） ★

本間希樹『巨大ブラックホールの謎 宇宙最大の「時空の穴」に迫る』講談社ブルーバックス（2017） ★

鳴沢真也『宇宙人の探し方 地球外知的生命探査の科学とロマン』幻冬舎新書（2013） ★

◎第5章

祖父江義明『銀河物理学入門 銀河の形成と宇宙進化の謎を解く』講談社ブルーバックス（2008） ★★

富田晃彦『活きている銀河たち 銀河天文学入門』恒星社厚生閣（2010） ★★

谷口義明『アンドロメダ銀河のうずまき 銀河の形にみる宇宙の進化』丸善出版（2019） ★★

谷口義明『天の川が消える日』日本評論社（2018） ★★

小阪淳・片桐暁『宇宙に恋する10のレッスン 最新宇宙論物語』東京書籍（2010） ★★

津村耕司『宇宙はなぜ「暗い」のか？』ベレ出版（2017） ★★

野本憲一 他『元素はいかにつくられたか－超新星爆発と宇宙の化学進化』岩波書店（2007） ★★

松原隆彦『宇宙の誕生と終焉』サイエンス・アイ新書（2016） ★

◎第 6 章

中村士・岡村定矩『宇宙観 5000 年史 人類は宇宙をどうみてきたか』
東京大学出版会（2011）　★★

安東正樹『重力波とはなにか「時空のさざなみ」が拓く新たな宇
宙論』講談社ブルーバックス（2016）　★

渡辺勝巳『完全図解 宇宙手帳 世界の宇宙開発活動「全記録」』講
談社ブルーバックス（2012）　★

中西貴之『宇宙と地球を視る人工衛星 100 スプートニク 1 号から
ひまわり、ハッブル、WMAP、スターダスト、はやぶさ、みちび
きまで』サイエンス・アイ新書（2010）　★

的川泰宣『月をめざした二人の科学者 アポロとスプートニクの
軌跡』中公新書（2000）　★

寺薗淳也『惑星探査入門 はやぶさ 2 にいたる道、そしてその先へ』
朝日新聞出版（2014）　★★

柳川孝二『宇宙飛行士という仕事 選抜試験からミッションの全
容まで』中公新書（2015）　★

エイ出版社編集部編『宇宙プロジェクトがまるごとわかる本』エ
イ出版社（2019）　★

著者
塚田　健（つかだ・けん）

平塚市博物館学芸員（天文学）。
東京学芸大学大学院教育学研究科理科教育専攻修士課程修了。
姫路市宿泊型児童館「星の子館」の天体観測担当嘱託職員を経て、現職。
博物館でプラネタリウムの投影や講座の開催、特別展の制作などをしつつ、館外でも様々な
天文普及活動を行っている。
著書や監修書に、『天文現象のきほん』（誠文堂新光社）、『わかる！楽しむ！火星大接近＆は
やぶさ2』（共著・誠文堂新光社）、『プラネタリウムの疑問50』（共著・成山堂書店）がある
ほか、月刊『天文ガイド』（誠文堂新光社）に記事を執筆中。

図解　身近にあふれる「天文・宇宙」が３時間でわかる本

2020 年 9 月 26 日　初版発行
2024 年 4 月 23 日　第 9 刷発行

著者　　　　塚田　健
発行者　　　石野栄一
発行　　　　明日香出版社
〒 112-0005 東京都文京区水道 2-11-5
電話 03-5395-7650
https://www.asuka-g.co.jp
印刷・製本　中央精版印刷株式会社

身近な疑問が \\ すっきり解消する // 好評シリーズ！

図解 身近にあふれる
「科学」が3時間でわかる本

左巻 健男 編著　本体 1400 円

図解 身近にあふれる
「物理」が3時間でわかる本

左巻 健男 編著　本体 1400 円

図解 身近にあふれる
「化学」が3時間でわかる本

齋藤 勝裕 著　本体 1500 円

図解 身近にあふれる
「放射線」が3時間でわかる本

児玉 一八 著　本体 1600 円